计算机应用基础实训指导手册

主　编　郭晓琳　周丽琴　陈双双

副主编　周荣稳　李乔凤　严乃坚　李淑梅

参　编　杨丽萍　骆晶晶　李冬尼　宇文花

　　　　虎良印　朱瑞雪

北京理工大学出版社
BEIJING INSTITUTE OF TECHNOLOGY PRESS

内 容 简 介

本书共五章，主要内容包括计算机基础知识、文字处理软件 Word 2010、表格处理软件 Excel 2010、演示文稿 PowerPoint 2010、网络基础知识。

本书是为了辅助高职高专公共基础课"计算机应用基础"而编写的，遵循课程内容与岗位实际工作任务相对接、教学过程与生产过程相对应的职业教育理论与理念，讲究实用与够用原则，充分结合国家规定和市场需求，以供高职不同专业的学生学习，具有基础性和通用性。

图书在版编目（CIP）数据

计算机应用基础实训指导手册／郭晓琳，周丽琴，陈双双主编. — 北京：北京理工大学出版社，2021.4（2022.9重印）

ISBN 978-7-5682-9782-0

Ⅰ. ①计…　Ⅱ. ①郭…　②周…　③陈…　Ⅲ. ①电子计算机-高等职业教育-教学参考资料　Ⅳ. ①TP3

中国版本图书馆 CIP 数据核字（2021）第 074714 号

出版发行／北京理工大学出版社有限责任公司

社　　　址／北京市海淀区中关村南大街 5 号

邮　　　编／100081

电　　　话／（010）68914775（总编室）

　　　　　　（010）82562903（教材售后服务热线）

　　　　　　（010）68948351（其他图书服务热线）

网　　　址／http://www.bitpress.com.cn

经　　　销／全国各地新华书店

印　　　刷／河北盛世彩捷印刷有限公司

开　　　本／787 毫米×1092 毫米　1/16

印　　　张／6.5　　　　　　　　　　　　　　　　责任编辑／陈莉华

字　　　数／153 千字　　　　　　　　　　　　　　文案编辑／陈莉华

版　　　次／2021 年 4 月第 1 版　2022 年 9 月第 2 次印刷　　责任校对／刘亚男

定　　　价／26.00 元　　　　　　　　　　　　　　责任印制／施胜娟

前　言

本书适合高职高专学校所有专业的"计算机应用基础"课程的实训教材，也适合自学计算机操作的普通读者使用。本书以国家规定和市场对人才知识、能力、素质要求为指导，根据职业教育"五个对接"，按照课程内容与职业标准相对接、教学过程与生产过程相对接、职业教育与终身学习对接的职业教育理论与理念，遵循人的认知规律，讲究实用与够用原则进行编写。

本书共五章，主要内容包括计算机基础知识、文字处理软件 Word 2010、表格处理软件 Excel 2010、演示文稿 PowerPoint 2010、网络基础知识。

第 1 章计算机基础知识包括三个实训，通过读者对三个实训进行操作和学习，学会使用一种输入法录入文字、符号，会安装常用的软件，熟悉 Windows 7 系统的常用操作。

第 2 章文字处理软件 Word 2010 包括五个实训，通过读者对五个实训进行操作和学习，熟悉在 Word 2010 中正确录入文档并能对字体及段落、文档的页面进行设置，会插入表格、编辑表格、创建图文并茂的文档。

第 3 章表格处理软件 Excel 2010 包括五个实训，通过读者对五个实训进行操作和学习，会制作表格、美化编辑表格，会应用常用公式和函数计算数据，会使用排序、筛选、分类汇总、数据透视表、图表工具统计分析数据。

第 4 章演示文稿 PowerPoint 2010 包括五个实训，通过读者对五个实训进行操作和学习，会新建演示文稿、编辑幻灯片及设置幻灯片背景等，会编辑演示文稿媒体对象及动画效果，会放映演示文稿及打包操作等。

第 5 章网络基础知识包括六个实训，通过读者对六个实训进行操作和学习，会设置 IP 地址，会使用主流的浏览器，会搜索和查询相关信息，会注册电子邮箱及收发电子邮件，会下载图片及软件等操作。

本书内容新颖实用，案例真实有效。注重突出学生主体作用的发挥和自主学习能力的培养，提升学生创新意识，树立终身学习观念，适应"互联网+"时代变迁。

通过对本书内容的学习，读者能够灵活运用计算机准确快速地解决工作中的常见文档编辑、表格处理、网络工具应用等问题，能够应用现代化设备与手段完成企业日常办公能力所需，能够以创新思维方式解决较复杂问题，使个人信息素养得到明显提升，提高实践能力，增强个人社会竞争力。

本书第 1 章由周荣稳、骆晶晶、字文花编写；第 2 章由周丽琴、陈双双编写；第 3 章由郭晓琳、李淑梅编写；第 4 章由杨丽萍、李冬尼、虎良印编写；第 5 章由李乔凤、严乃坚编写。

由于时间仓促，加上作者水平有限，书中不妥之处在所难免，敬请同行批评指正。

编　者

CONTENTS 目录

第1章

计算机基础知识

实训一 文字录入

【实训目的】

- 正确使用键盘。
- 准确录入中英文字符和文字。

【实训内容】

1. 正确使用键盘

观察键盘，认识键盘布局及功能，使用正确的打字姿势和指法。

2. 英文打字

打开"金山打字通2016"，单击"英文打字"按钮，进行英文打字练习。

3. 拼音打字

打开"金山打字通2016"，单击"拼音打字"按钮，进行拼音打字练习。

4. 五笔打字

打开"金山打字通2016"，单击"五笔打字"按钮，进行五笔打字练习。

【实训步骤】

1. 正确使用键盘

（1）认识键盘。

观察键盘，说出键盘的布局和基本功能，如图1-1所示。

功能键区：由Esc、F1~F12等键组成，用于完成特定的功能。

图 1-1

主键盘区：由字母键、数字键、符号键、控制键等组成，用于输入各种字符。

控制键区：由方向键、起点键、终点键、翻页键、删除键、插入/改写键等组成，用于文字处理时控制光标的位置。

数字键区：又称小键盘区，由 0~9 数字键和+、-、＊、/等常见运算符号键组成，用于输入数字和运算符号。

状态指示区：包括三个指示灯，用于提示键盘的工作状态。

（2）正确的打字姿势和手指分工。

保持正确的打字姿势，不仅可以提高录入准确度和速度，还有利于身心健康，应做到以下几点：

①身体坐正，头正颈直，两脚自然平放，身体与键盘的距离大约为 20 厘米。

②椅子高度适当，眼睛平视屏幕，保持 30~40 厘米的距离。

③两臂自然下垂，手肘高度和键盘平行，小臂和手腕略向上倾斜，手指自然弯曲垂直放在键盘的基准键位上。

④打字时轻击键盘，不要用力过度，击键完毕后手指立即放回基准键上。

主键盘区基准键为 A、S、D、F、J、K、L、；共八个键，如图 1-2 所示。

图 1-2

打字时，双手的十个手指都有明确的分工，按照正确的手指分工打字，才能实现盲打，提高打字准确度和速度，主键盘区手指分工如图 1-3 所示。

数字键区的基准键为 4、5、6 三个键，手指分工如图 1-4 所示。

2. 英文打字

（1）启动"金山打字通 2016"，单击"英文打字"按钮，如图 1-5 所示。

图 1-3

图 1-4

图 1-5

（2）按照"单词练习""语句练习""文章练习"的顺序进行模块练习，如图 1-6

所示。

图 1-6

(3) 单击"单词练习"模块，从"课程选择"下拉菜单中选择课程或者添加自定义课程即可进行练习，如图 1-7 所示。

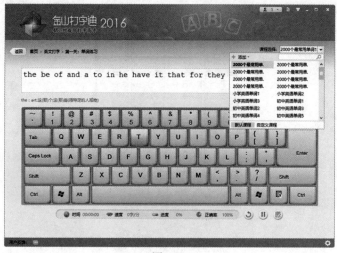

图 1-7

(4) 单击"语句练习"模块，从"课程选择"下拉菜单中选择课程或者添加自定义课程即可进行练习，如图 1-8 所示。

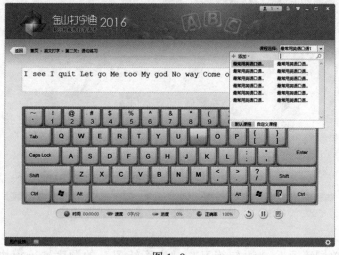

图 1-8

（5）单击"文章练习"模块，从"课程选择"下拉菜单中选择课程或者添加自定义课程即可进行练习，如图1-9所示。

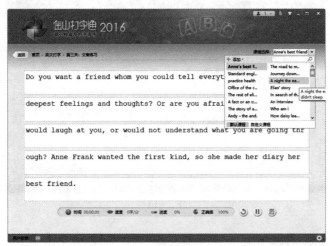

图1-9

3. 拼音打字

（1）启动"金山打字通2016"，单击"拼音打字"按钮，依次选择"拼音输入法""音节练习""词组练习""文章练习"模块进行练习，如图1-10所示。

图1-10

（2）单击"拼音输入法"模块，练习输入法的切换和中英文符号的切换方式，如图1-11所示。

（3）单击"音节练习"模块，在"课程选择"下拉菜单中选择对应的课程进行音节练习，如图1-12所示。

（4）单击"词组练习"模块，在"课程选择"下拉菜单中选择对应的课程或者添加自定义课程进行词组练习，如图1-13所示。

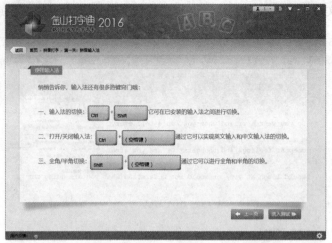

图 1-11

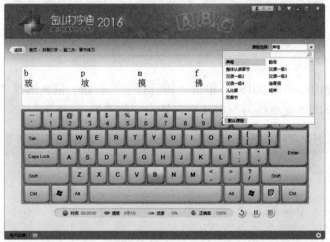

图 1-12

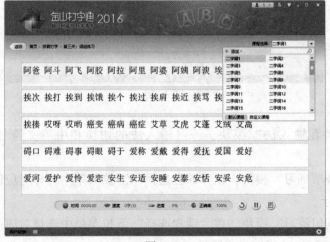

图 1-13

（5）单击"文章练习"模块，在"课程选择"下拉菜单中选择对应的课程或者添加自定义课程进行文章练习，如图1-14所示。

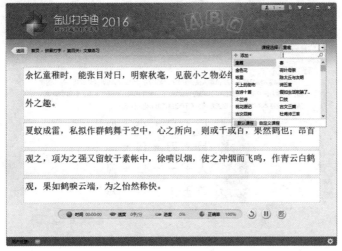

图 1-14

使用拼音输入法时，可以采用全拼、简拼、混拼的方式进行输入，方式如下：

全拼："计算机"可以输入"jisuanji"；

简拼："计算机"可以输入"jsj"；

混拼："计算机"可以输入"jisj""jsji"或者"jsuanj"等。

4. 五笔打字

（1）启动"金山打字通2016"，单击"五笔打字"按钮，依次选择"五笔输入法""字根分区及讲解""拆字原则""单字练习""词组练习""文章练习"模块进行练习，如图1-15所示。

图 1-15

（2）单击"五笔输入法"模块，练习输入法的切换和中英文符号的切换方式，学习五笔组成原理，如图1-16所示。

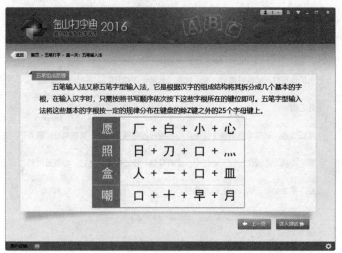

图1-16

（3）单击"字根分区及讲解"模块，学习汉字的层次、笔画、字型、字根基本知识，在"课程选择"下拉菜单中选择相应的课程即可进行字根练习，如图1-17、图1-18和图1-19所示。

图1-17

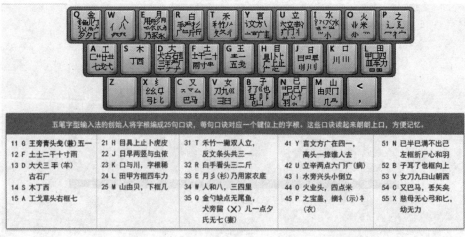

图1-18

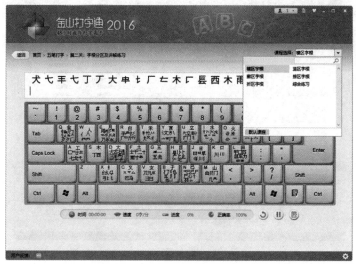

图 1-19

（4）单击"拆字原则"模块，学习汉字的结构及汉字拆分基本原则，如图 1-20 所示。

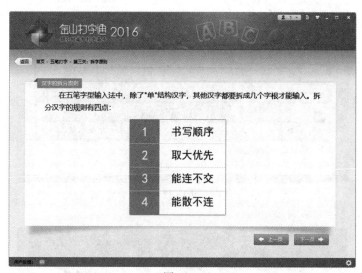

图 1-20

（5）单击"单字练习"模块，在"课程选择"下拉菜单中选择相应的课程或者添加自定义课程进行练习，如图 1-21 所示。

（6）单击"词组练习"模块，在"课程选择"下拉菜单中选择相应的课程或者添加自定义课程进行练习，如图 1-22 所示。

（7）单击"文章练习"模块，在"课程选择"下拉菜单中选择相应的课程或者添加自定义课程进行练习，如图 1-23 所示。

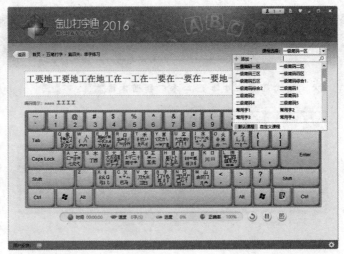

图 1-21

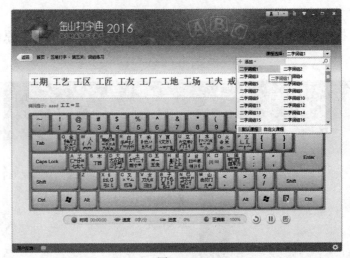

图 1-22

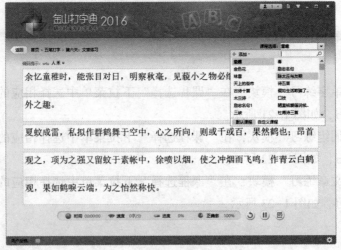

图 1-23

实训二　计算机软件的安装

【实训目的】

- 会安装 Windows 7 操作系统。
- 会安装 Microsoft Office 2010 办公软件。

【实训内容】

1. 安装 Windows 7 操作系统

准备 Windows 7 安装光盘，重启计算机后根据系统提示依次进行基本设置，完成操作系统安装。

2. 安装 Microsoft Office 2010 办公软件

准备 Microsoft Office 2010 安装包，根据系统提示依次进行基本设置，完成 Microsoft Office 2010 办公软件安装。

【实训步骤】

1. 安装 Windows 7 操作系统

（1）重启计算机。

单击桌面左下角的 Windows 图标，在弹出的"开始"菜单中单击"关机"按钮旁的三角按钮，在弹出的快捷菜单中单击"重新启动"项，如图 1-24 所示，插入安装光盘。

图 1-24

（2）进入安装界面，如图 1-25 所示，单击"下一步"按钮，在出现的界面中单击"现在安装"按钮，如图 1-26 所示。

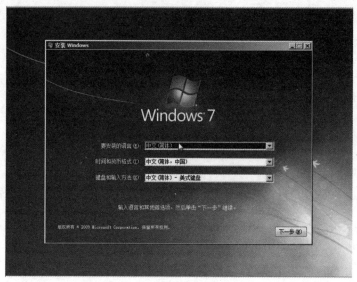

图 1-25

图 1-26

（3）确认接受许可条款，单击"下一步"按钮继续，如图 1-27 所示。

（4）选择安装类型，如图 1-28 所示。

（5）选择安装位置，默认将 Windows 7 安装在第一个分区（如果磁盘未进行分区，则安装前要先对磁盘进行分区），然后单击"下一步"按钮继续，如图 1-29 所示。

（6）开始安装 Windows 7，如图 1-30 所示。

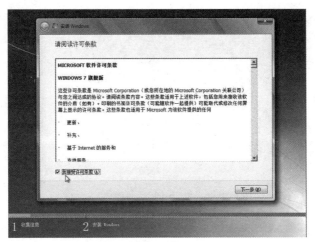

图 1-27

图 1-28

图 1-29

图 1-30

（7）计算机自行重启数次，完成所有安装后进入 Windows 7 的设置界面，依次设置用户名和计算机名称，然后单击"下一步"按钮继续，如图 1-31 所示。

图 1-31

（8）设置 Windows 7 密码，然后单击"下一步"按钮继续，如图 1-32 所示。

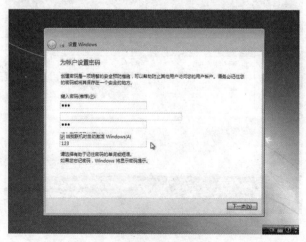

图 1-32

（9）输入产品密钥，然后单击"下一步"按钮继续，如图 1-33 所示。

图 1-33

（10）设置"帮助您自动保护计算机以及提高 Windows 的性能"选项，如图 1-34 所示。

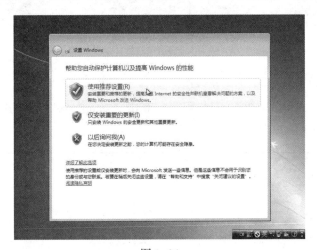

图 1-34

（11）设置时间和日期，然后单击"下一步"按钮继续，如图 1-35 所示。

图 1-35

（12）等待 Windows 完成设置后，进入首次登录 Windows 7 的界面，如图 1－36 所示。

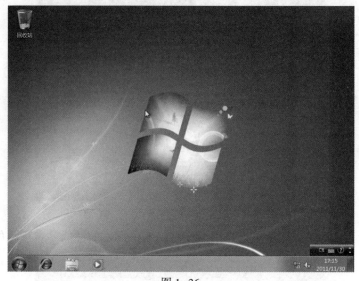

图 1-36

2. 安装 Microsoft Office 2010 办公软件

（1）找到 Microsoft Office 2010 安装程序，双击"setup. exe"程序进行安装，进入安装界面，如图 1-37、图 1-38 所示。

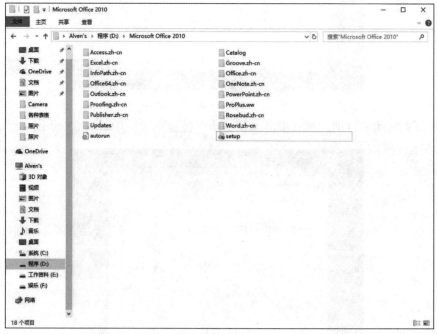

图 1-37

图 1-38

（2）选择所需的安装方式，若直接单击"立即安装"按钮，系统将按照默认设置自动安装 Microsoft Office 2010 程序；如需选择安装的程序及安装目录等，则单击"自定义"按钮进入下一步，如图 1-39 所示。

图 1-39

（3）设置"自定义"的安装选项，依次选择需要安装的子程序、文件位置、用户信息等，设置好后单击"立即安装"按钮即可进入安装界面，如图 1-40、图 1-41 所示。

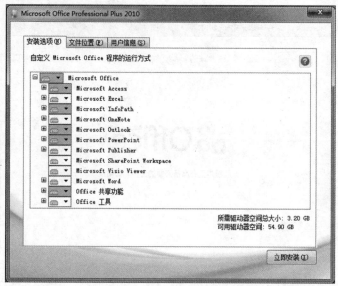

图 1-40

◆ **提示：**

"自定义"安装时，"安装选项"标签中用户可根据自己的需要选择子程序进行安装，对于不需要安装的子程序，单击该子程序前的选项卡，选择"不安装"即可。"文件位置"标签中用户可设置 Microsoft Office 2010 安装的位置。"用户信息"标签中用户可填写个人及单位信息。

图 1-41

（4）完成安装后进入安装完成界面，然后单击"关闭"按钮即可，如图 1-42 所示。

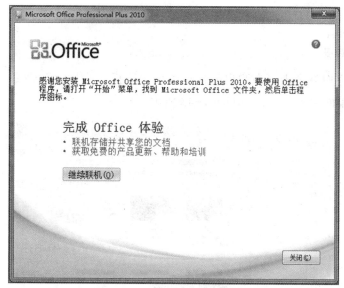

图 1-42

实训三　Windows 7 的基本操作

【实训目的】

- 会设置控制面板的常用功能。
- 会文件和文件夹的基本操作。

【实训内容】

1. 设置桌面背景

设置桌面背景为指定图片。

2. 设置任务栏

（1）取消"锁定任务栏"。

（2）设置"任务栏外观"。

（3）设置"通知区域"。

（4）调整任务栏位置和大小。

3. 设置电源选项

4. 设置程序和功能

在"控制面板"中对列表中的程序进行卸载、更改、修复。

5. 文件和文件夹的基本操作

能够完成文件和文件夹的新建、打开、选定、重命名、复制、移动、删除等操作。

【实训步骤】

1. 设置桌面背景

（1）在桌面空白处右击，在弹出的快捷菜单中选择"个性化"命令，打开"个性化"对话框。单击"桌面背景"图标，如图1-43所示。

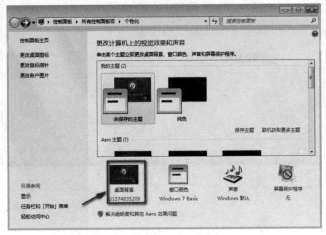

图 1-43

（2）在选择的桌面背景窗口中单击"浏览"按钮，在打开的"浏览"对话框中选择需要设置为背景的图片后单击"确定"按钮，依次设置"图片位置"和"更改图片时间间隔"项后，单击"保存修改"按钮即可，如图1-44所示。

图 1-44

2. 设置任务栏

（1）取消"锁定任务栏"。

①在任务栏空白处右击，在弹出的快捷菜单中查看"锁定任务栏"状态，如图1-45所

示，"锁定任务栏"前有"√"符号表示任务栏为锁定状态，单击"锁定任务栏"将"锁定任务栏"前的"√"符号取消即可取消锁定状态。

②在任务栏空白处右击，在弹出的快捷菜单中选择"属性"，在弹出的"任务栏和「开始」菜单属性"对话框中单击"任务栏"选项卡，将"任务栏外观"列表中"锁定任务栏"前面的复选框取消选择，然后单击"确定"按钮即可取消锁定任务栏，如图 1-46 所示。

图 1-45

图 1-46

（2）设置"任务栏外观"。

在任务栏空白处右击，在弹出的快捷菜单中选择"属性"，在弹出的"任务栏和「开始」菜单属性"对话框中单击"任务栏"选项卡，在"任务栏外观"列表中依次选择"屏

幕上的任务栏位置"和"任务栏按钮"的显示方式，然后单击"确定"按钮即可，如
图 1-47、图 1-48 所示。

图 1-47

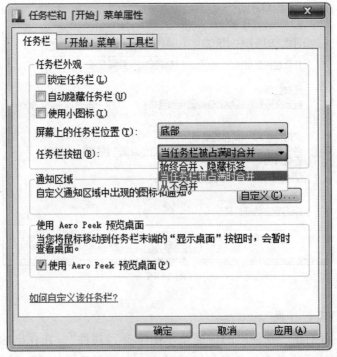

图 1-48

（3）设置"通知区域"。

在任务栏空白处右击，在弹出的快捷菜单中选择"属性"，在弹出的"任务栏和「开始」菜单属性"对话框中单击"任务栏"选项卡，在"通知区域"列表中单击"自定义"按钮，选择在任务栏上出现的图标和通知选项后单击"确定"按钮即可，如图1-49所示。

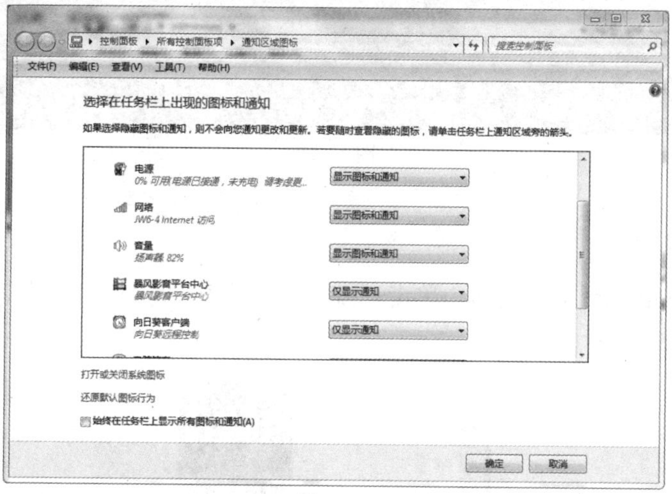

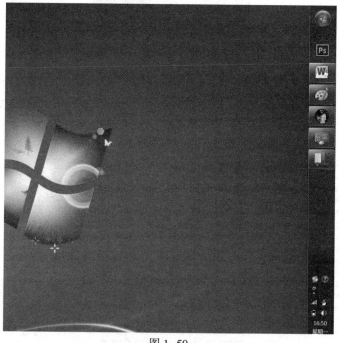

图 1-49

（4）调整任务栏位置和大小。

任务栏取消锁定后，单击任务栏空白处拖动鼠标至桌面顶部、左侧或右侧，释放鼠标后任务栏即被移动至新的桌面位置，如图1-50所示。

图 1-50

任务栏取消锁定后，移动鼠标指针到任务栏边界线上，鼠标指针变成"↕"形状，然后按住鼠标左键不放向上拖动鼠标至合适的位置后释放即可改变任务栏大小，如图1-51所示。

图1-51

3. 设置电源选项

单击桌面左下角"开始"按钮，单击"开始"菜单中的"控制面板"，弹出控制面板，如图1-52、图1-53所示。

图1-52

图1-53

单击"电源选项"，弹出如图 1-54 所示界面。

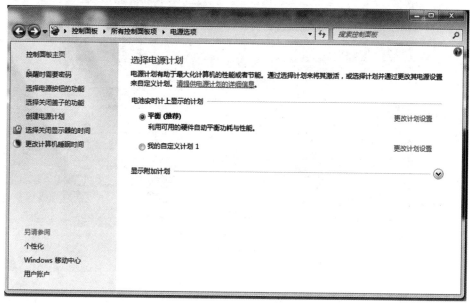

图 1-54

单击"更改计划设置"，弹出如图 1-55 所示对话框，然后根据需求进行设置。

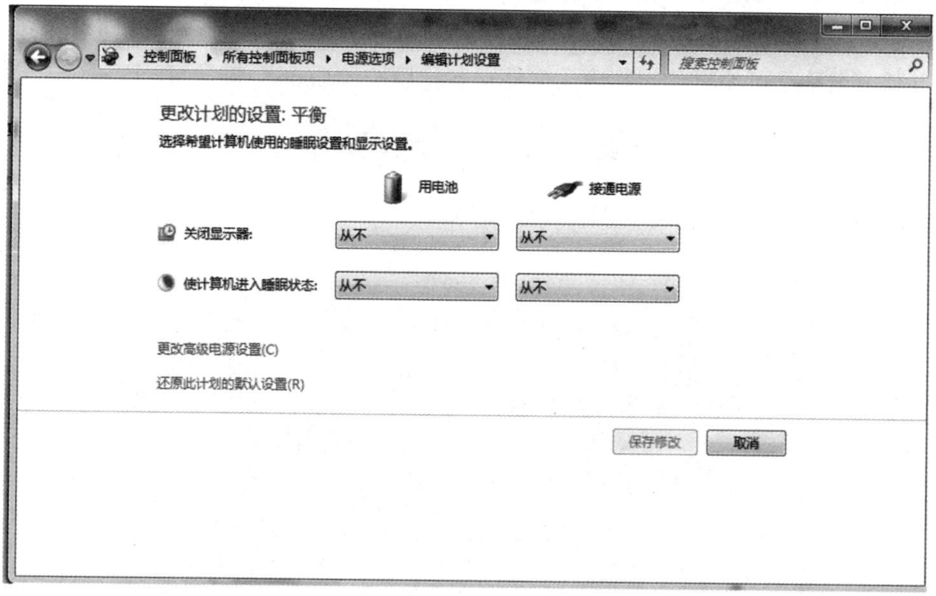

图 1-55

4. 设置程序和功能

打开"控制面板"，选择"程序和功能"，在列表内选择要卸载、更改或修复的程序，单击"卸载/更改"或者右击选择"卸载/更改"命令，根据提示操作即可，如图 1-56 所示。

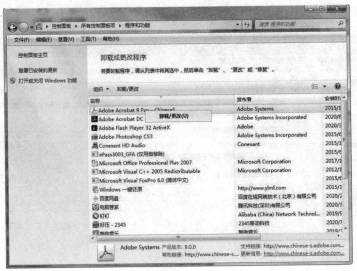

图 1-56

5. 文件和文件夹的基本操作

（1）新建文件夹。

进入某盘符下的文件夹窗口，单击菜单栏中的"新建文件夹"按钮，即可在当前目录下生成新的文件夹，如图 1-57 所示；也可在窗口空白处右击，从弹出的快捷菜单中单击"新建"命令，从弹出的子菜单中选择"文件夹"选项，如图 1-58 所示，即可新建一个文件夹，并使其名称呈可编辑状态，输入文件夹名称后按"Enter"键即可。

图 1-57

图 1-58

（2）设置显示/隐藏文件扩展名。

单击文件夹窗口菜单栏"组织"下拉列表中的"文件夹和搜索选项"，如图1-59所示，在弹出的"文件夹选项"对话框中单击"查看"选项卡，如图1-60所示，将"隐藏已知文件类型的扩展名"复选框选中，即可显示文件的扩展名，取消勾选即隐藏文件扩展名。

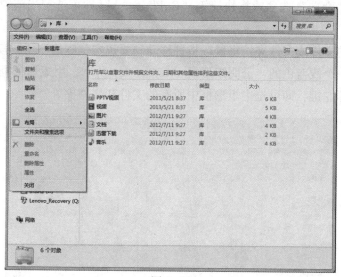

图1-59

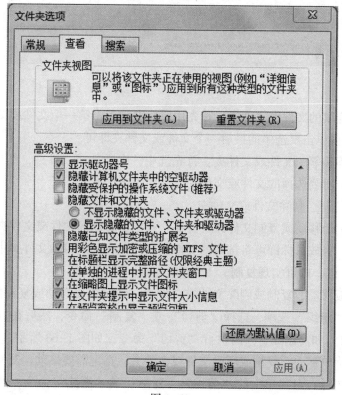

图1-60

（3）选定文件或文件夹。

①选定单个文件或文件夹：单击要选定的文件或文件夹，被选定的文件或文件夹以蓝底白字形式显示，如果想要取消选择，单击被选定文件或文件夹外的任意位置即可。

②选定全部文件或文件夹：在资源管理器中单击工具栏中的"组织"按钮，在弹出的下拉菜单中选择"全选"选项或按快捷键"Ctrl"＋"A"即可选定当前窗口中的所有文件或文件夹。

③选定相邻的文件或文件夹：将鼠标指针移动到要选定范围的一角，按住鼠标左键不放进行拖动，出现一个浅蓝色的半透明矩形框，如图1-61所示，用矩形框框选所需的文件或文件夹后释放鼠标左键，即可选中矩形框中所有的文件和文件夹。

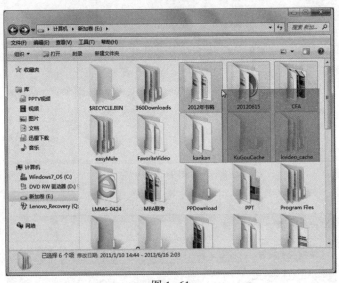

图1-61

④选定多个连续的文件或文件夹：首先用鼠标左键单击第一个文件或文件夹，然后按住"Shift"键不放，再单击要选中的最后一个文件或文件夹即可。

⑤选定多个不相邻的文件或文件夹：首先选中一个文件或文件夹，然后按住"Ctrl"键不放，再依次单击所要选择的文件或文件夹，如图1-62所示。

（4）移动、复制、删除文件或文件夹。

①通过鼠标拖动移动或复制文件或文件夹：选定要移动的文件或文件夹，拖动鼠标至目标文件夹图标上，释放鼠标即可将选定的文件或文件夹移动到目标文件夹中。如果在拖动过程中按住"Ctrl"键，则可实现复制。

②通过剪贴板移动、复制或删除文件或文件夹：选定需要移动或复制的文件或文件夹，单击菜单栏中的"组织"选项，选择"剪切"或"复制"命令，然后在目标文件夹中选择"粘贴"命令即可，如需删除，只需执行"剪切"命令，如图1-63所示。

③使用右击菜单移动、复制或删除文件或文件夹：选定需要移动、复制或删除的文件或文件夹，右击，选择右击菜单中的"剪切""复制"或"删除"命令，然后在目标文件夹中执行"粘贴"命令即可，如图1-64所示。

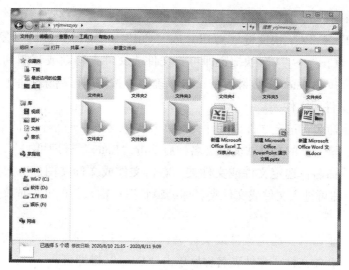

图 1-62

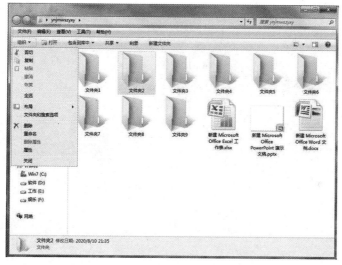

图 1-63

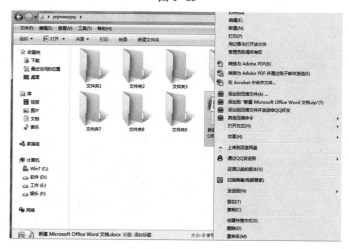

图 1-64

④通过快捷键移动、复制或删除文件或文件夹：选定需要移动、复制或删除的文件或文件夹，按"Ctrl"＋"X"快捷键（剪切）或"Ctrl"＋"C"快捷键（复制），打开目标文件夹，然后按"Ctrl"＋"V"快捷键即可将文件或文件夹移动或复制到目标位置。选中文件或文件夹后，按"Delete"删除键，单击"确定"按钮即可删除文件或文件夹。

（5）重命名文件或文件夹。

①通过单击重命名：选定文件或文件夹，单击文件或文件夹名称，即可进入文件或文件夹名称编辑状态，输入新的文件或文件夹名称后单击"Enter"键即可。

②通过右击重命名：选定文件或文件夹，右击文件或文件夹图标，选择右击菜单中的"重命名"命令，即可进入文件或文件夹名称编辑状态，输入新的文件或文件夹名称后单击"Enter"键即可。

③通过快捷键重命名：选定文件或文件夹，按下"F2"键，即可进入文件或文件夹名称编辑状态，输入新的文件或文件夹名称后单击"Enter"键即可。

第 2 章

<<<<<<

文字处理软件 Word 2010

实训一　Word 中的文档录入案例 ——录入社团招募海报

【实训目的】

- 会在 Word 中进行中/英文输入法切换及输入法之间切换的快捷键使用。
- 会使用 "Enter" 键进行段落换行。
- 会用键盘上的功能键进行文字删除操作。
- 会在 Word 中录入特殊符号。

【实训内容】

新建 Word 文档，完成海报内容的录入，如图 2-1 所示。

【实训步骤】

（1）新建 Word 文档，完成图 2-1 中展示的文字内容录入。

（2）实训步骤及要求：

①新建 Word 文档：单击 "开始" → "程序" → "Microsoft Office 2010" → "Microsoft Word" 命令。

②文档录入技巧：采用中英文输入法切换快捷键 "Shift" + "空格"；中文输入法间切换快捷键 "Ctrl" + "Shift"；新建段落换行键 "Enter"。

③在 Word 文档中录入特殊符号：如图 2-2 所示，在 "插入" 菜单中单击 "符号" → "公式" 或 "符号" 或 "编号" 命令，弹出如图 2-3 所示界面，在其中选择所需符号后单击 "插入" 按钮即可。

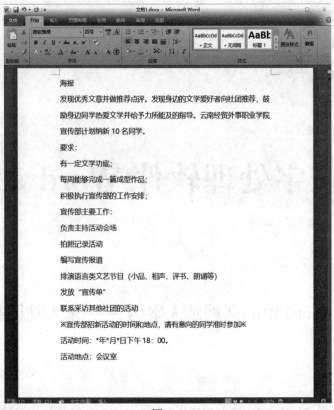

图 2-1

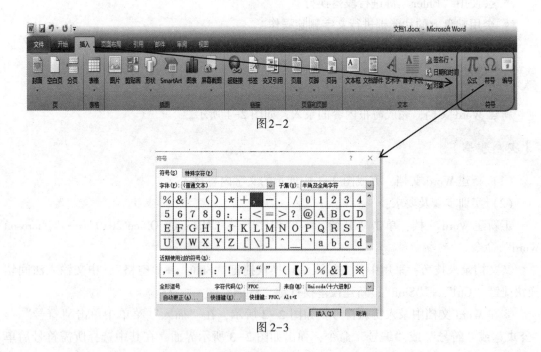

图 2-2

图 2-3

④以"学号姓名"为文件名，把文档保存到桌面，并提交文件。

实训二　Word 文档的字体和段落编辑案例
——编辑社团招募海报

【实训目的】

- 会使用剪切、复制和粘贴的快捷键。
- 会查找和替换操作。
- 会对字体进行设置。
- 会对段落进行设置。
- 会设置项目符号和编号。
- 会设置段落边框和底纹。

【实训内容】

按实训要求完成《学校社团招募海报》的字体和段落的相关编辑工作，最终效果如图 2-4 所示。

海　报

发现优秀文章并做推荐点评。发现身边的文学爱好者向社团推荐，
鼓励身边同学热爱文学并给予力所能及的指导。云南经贸外事职业学
院宣传部计划纳新 10 名同学。

要求：

1) 有一定文学功底；

2) 每周能够完成一篇成型作品；

3) 积极执行宣传部的工作安排；

宣传部主要工作：

➢ 负责主持活动会场

➢ 拍照记录活动

➢ 编写宣传报道

➢ 排演语言类文艺节目（小品、相声、评书、朗诵等）

➢ 发放 "宣传单"

➢ 联系采访其他社团的活动

※宣传部招新活动的时间和地点，请有意向的同学准时参加※

活动时间：*年*月*日下午 18：00。

活动地点：会议室

图 2-4

【实训步骤】

1. 剪切、复制和粘贴快捷键的使用

打开教师文件夹下的"学校社团招募海报.doc"文件，掌握剪贴板中的"剪切""复制""粘贴"和"格式刷"的应用，熟练应用快捷键：剪切为"Ctrl"+"X"、复制为"Ctrl"+"C"、粘贴为"Ctrl"+"V"，如图2-5所示。

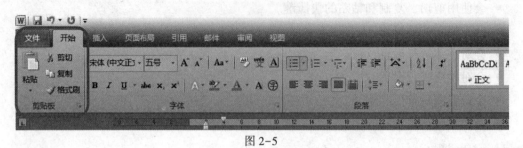

图 2-5

2. 查找和替换

将文章中的全部"文学"替换为"编辑"，替换字体要求为"黑体""倾斜""三号""深蓝色"，如图2-6所示。

图 2-6

3. 对字体进行设置

（1）将文章标题"海报"设置为宋体、二号字、字间距加宽15磅、水绿色，如图2-7所示。

（2）正文设置为宋体、四号字。

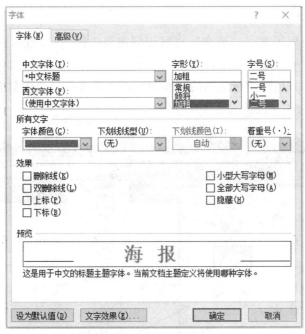

图 2-7

4. 对段落进行设置

（1）设置正文段落首行缩进 2 字符。

（2）设置段前段后间距为 0.5 行，行间距为固定值 28 磅。

5. 设置项目符号和编号

设置海报中"要求"部分的内容为图中所示的编号，"宣传部主要工作"部分内容为图中所示的项目符号，如图 2-8 所示。

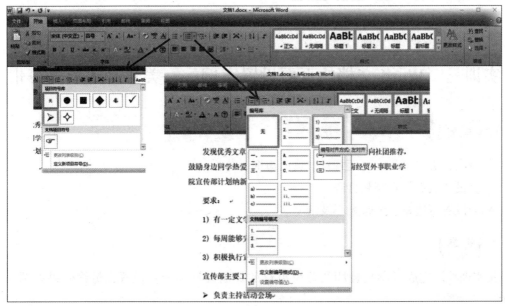

图 2-8

6. 设置边框和底纹

（1）设置海报中标题文字"要求""宣传部主要工作"，设置边框为宽窄线、3.0 磅、水绿色，如图 2-9 所示。

（2）设置文字"宣传部招新活动的时间和地点，请有意向的同学准时参加"的底纹为水绿色、图案样式为 5%、段落前后插入符号※。

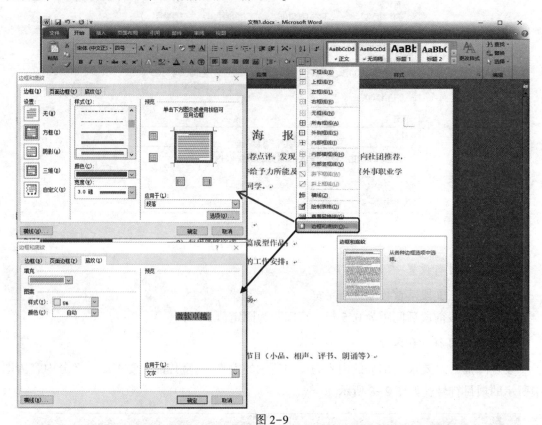

图 2-9

实训三　Word 文档的页面设置案例——美化社团招募海报

【实训目的】

- 会设置文档水印、页面背景、页面边框、分栏。
- 会设置页眉、页脚和页码。
- 会设置页边距、纸张大小及纸型。

【实训内容】

按实训要求完成《学校社团招募海报》的页面设计和纸张设置，最终效果如图 2-10 所示。

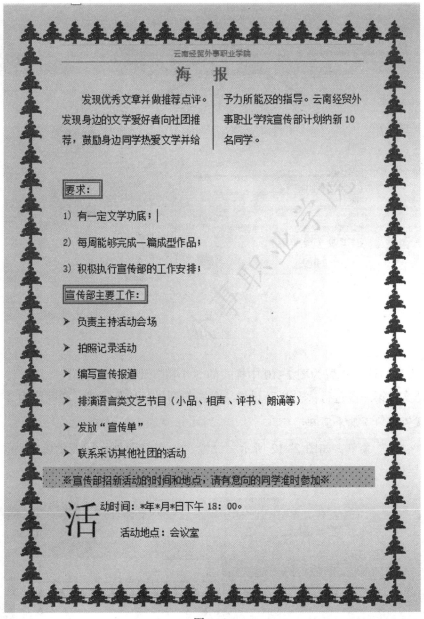

图 2-10

【实训步骤】

1. 设置文档水印、页面背景、页面边框、分栏

（1）打开教师文件夹下的"学校社团招募海报 . doc"文件。单击"页面布局"选项卡，设置文字"云南经贸外事职业学院"的水印，字体为"楷体""蓝色""半透明""斜式"。

（2）打开"页面布局"菜单，设置"页面颜色"为"双色"，颜色 1 设置为绿色，颜色 2 设置为白色，"底纹样式"为"中心辐射"，如图 2-11 所示。

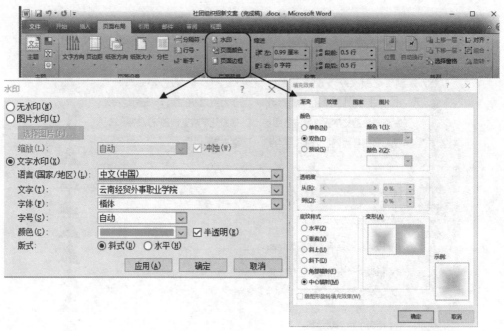

图 2-11

（3）"页面边框"设置为图 2-10 中样式的"小树"型。

（4）把文章第一段进行"分栏"设置，分左右两栏，加分隔线，栏间距为 2 字符。

2. 设置页眉、页脚和页码

打开"插入"菜单，如图 2-12 所示，设置"云南经贸外事职业学院"为页眉，设置"页码"为居中。

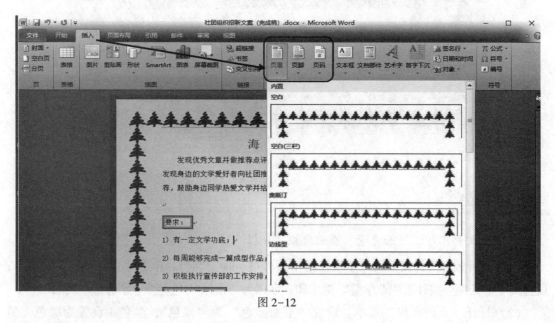

图 2-12

3. 设置页边距、纸张大小及纸型

打开"页面设置"菜单，"页边距"设置为：上下边距 1.5 厘米、左右边距 2 厘米，A4 纸，如图 2-13 所示。

图 2-13

实训四　Word 文档中表格的应用——创建及美化个人简历表

【实训目的】

- 会创建表格。
- 会设置表格高度和宽度、表格中文字对齐方式。
- 会单元格的拆分和合并操作。
- 会设置表格的边框和底纹。

【实训内容】

按实训要求创建《个人简历》，最终效果如图 2-18 所示。

【实训步骤】

1. 创建表格

新建 Word 文档，创建 7 列 11 行的表格，如图 2-14 所示。

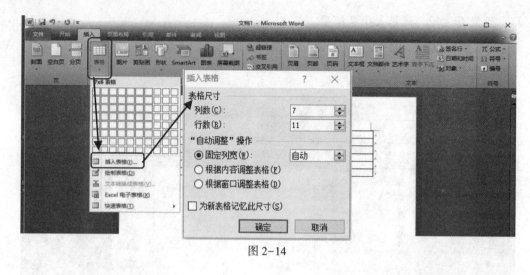

图 2-14

2. 设置表格高度和宽度、表格中文字对齐方式

应用"表格属性"设置表格的高度和宽度，使表格布局相对合理。"表格属性"选项可通过对表格单击鼠标右键进行选择或者利用"表格工具"进行选择，如图 2-15 所示。

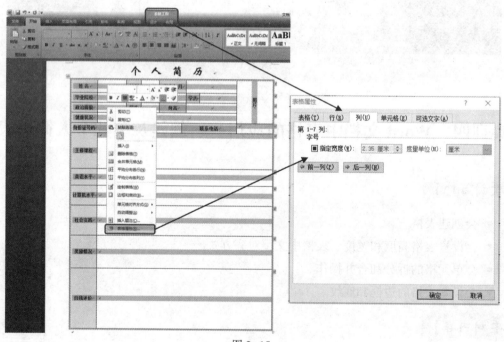

图 2-15

3. 对单元格的拆分和合并进行操作

（1）应用"合并单元格"和"拆分单元格"选项，把表格格局按效果图进行设置。合并和拆分单元格的方法：在"表格工具"中选择"合并单元格""拆分单元格"选项或者右键选择"合并单元格""拆分单元格"命令来实现，如图 2-16 所示。

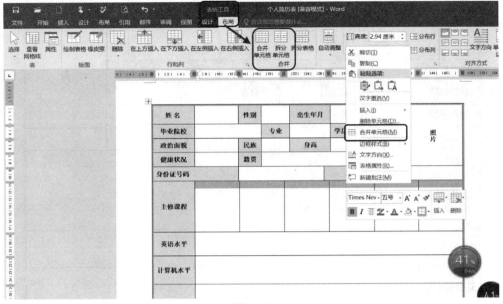

图 2-16

（2）在对应单元格中输入文字内容。

4. 设置表格的边框和底纹

按效果图设置对应单元格的底纹颜色为淡蓝色，表格边框线为宽窄线、淡蓝色、2.25磅，如图 2-17 所示。

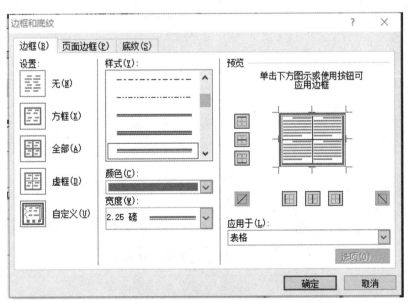

图 2-17

最终效果如图 2-18 所示。

个 人 简 历

姓　名		性别		出生年月			照片
毕业院校			专业		学历		
政治面貌		民族		身高			
健康状况		籍贯					
身份证号码					联系电话		
主修课程							
英语水平							
计算机水平							
社会实践							
奖励情况							
自我评价							

图 2-18

实训五　Word 文档中创建图文并茂的文档——创建个性化的《校园文化节宣传策划方案》

【实训目的】

- 会在 Word 中插入图片、艺术字、文本框。
- 会在 Word 中插入形状、图表、SmartArt 图形。

【实训内容】

校园文化节，学校宣传部要求在微信公众号等平台进行校园文化节宣传，因此，我们将按实训要求创建个性化的《校园文化节宣传策划方案》，最终效果如图2-19所示。

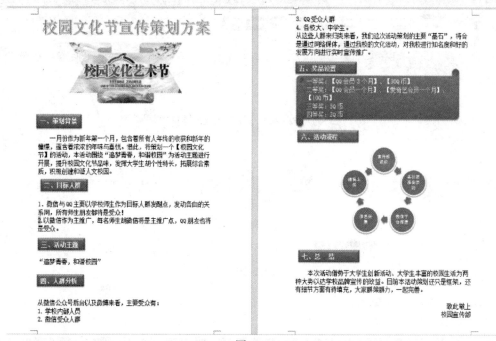

图 2-19

【实训步骤】

1. 在 Word 中插入图片、艺术字、文本框

（1）打开教师指定文件夹中的 Word 文件"校园文化节宣传策划方案 .doc"，通过"插入"菜单中的"艺术字"工具把文档标题设置为艺术字，艺术字样式任选，并进行相应大小颜色调整。

（2）在文档标题下方插入图片"校园文化艺术节 .jpg"，"文字环绕"方式设置为"上下型环绕"，并把图片裁剪为"前凸带形"，如图2-20所示。

（3）把标题"策划背景""目标人群""活动主题""人群分析""奖品设置""活动流程""总结"设置在文本框中，并对文本框进行"形状样式"设置，如图2-21所示。

2. 在 Word 中插入形状、SmartArt 图形

（1）插入"形状"中的"横卷标"，把"奖品设置"中的内容添加到横卷标中，如图2-22所示。

（2）在"活动流程"标题下方插入"SmartArt"中的"循环"图，按图2-23中所示循环方式添加文字内容。

图 2-20

图 2-21

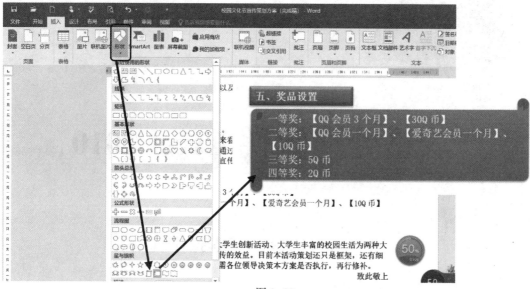

图 2-22

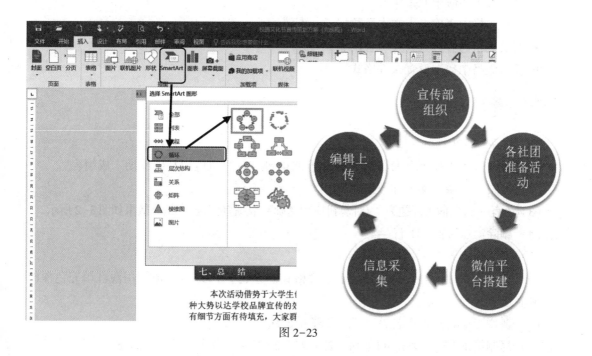

图 2-23

第 3 章

<<<<<<

表格处理软件 Excel 2010

实训一　Excel 2010 的基本操作（一）

【实训目的】

- 会管理工作簿中的工作表。
- 会在表格中正确录入文本及数据。
- 会对表格内容进行查找、替换。
- 会对表格中数据设置条件格式。

【实训内容】

制作学生成绩登记表

（1）将 Sheet1 工作表重命名为 "19 水利水电班《计算机应用基础》期末成绩表"。

（2）按图 3-1 录入文本和数据。

（3）在第一行前插入标题为 "《计算机应用基础》成绩登记表"。最终效果如图 3-2 所示。

（4）删除第 30 行和 31 行。

（5）把 "白春升" 替换成 "白春生"。

（6）在 "期末成绩" 一列中，设置条件格式，分数小于 60 分的成绩用浅红填充色深红色文本填充。

（7）新增工作表并重命名为 "不及格学生成绩表"。

（8）复制第 1、2、4、6、11、14、22、23、25 行到 "不及格学生成绩表"。

【实训步骤】

（1）启动 Excel 2010 后，双击 Sheet1 工作表标签，录入 "19 水利水电班《计算机应用基础》期末成绩表"。

（2）在表格中正确录入文本及数据，如图 3-1 所示。

	A	B	C	D	E	F	G	H
1	序号	学　号	姓名	考勤	作业	平时成绩	考试成绩	期末成绩
2	1	W201701132002	白春升	16	3	80	61	68.60
3	2	W201701132003	曹植	15	1	57	20	34.80
4	3	W201701132005	春生	15	5	97	38	61.60
5	4	W201701132006	寸代高	14	1	54	29	39.00
6	5	W201701132007	戴红	15	4	87	90	88.80
7	6	W201701132009	侯振宇	14	4	84	79	81.00
8	7	W201701132011	李柏源	13	4	81	60	68.40
9	8	W201701132013	李海能	16	5	100	89	93.40
10	9	W201701132014	李蓉平	15	1	57	22	36.00
11	10	W201701132015	李松云	16	3	80	78	78.80
12	11	W201701132016	李鑫磊	14	3	74	66	69.20
13	12	W201701132017	李兴泽	13	3	71	25	43.40
14	13	W201701132020	李志军	16	3	80	91	86.60
15	14	W201701132021	李忠能	13	5	91	43	62.20
16	15	W201701132022	刘冲	13	5	91	55	69.40
17	16	W201701132024	刘吉祥	16	2	70	86	79.60
18	17	W201701132026	刘云鹏	13	2	61	78	71.20
19	18	W201701132028	罗志刚	16	5	100	88	92.80
20	19	W201701132030	马红涛	16	1	60	80	72.00
21	20	W201701132031	莽红波	15	1	57	28	39.60
22	21	W201701132032	彭安市	12	1	48	18	30.00
23	22	W201701132033	彭建伟	16	5	100	48	68.80
24	23	W201701132034	彭子豪	12	1	48	25	34.20
25	24	W201701132035	普春波	16	4	90	90	90.00
26	25	W201701132036	邱华	16	5	100	88	92.80
27	26	W201701132037	邱继伟	16	5	100	98	98.80
28	27	W201701132038	沈渊	16	4	90	43	61.80
29	28	W201701132039	施齐达	8	1	35	缺考	缺考
30	29	W201701132047	杨青	8	1	35	缺考	缺考

19水利水电班《计算机应用基础》期末成绩表　Sheet2　Sheet3

图 3-1

（3）用鼠标单击行号 1，选取第一行，在第一行中单击右键，选择"插入"命令，完成插入新行，在 A1 单元格中录入"《计算机应用基础》成绩登记表"，如图 3-2 所示。

	A	B	C	D	E	F	G	H
1	《计算机应用基础》成绩登记表							
2	序号	学　号	姓名	考勤	作业	平时成绩	考试成绩	期末成绩
3	1	W201701132002	白春升	16	3	80	61	68.60
4	2	W201701132003	曹植	15	1	57	20	34.80
5	3	W201701132005	春生	15	5	97	38	61.60
6	4	W201701132006	寸代高	14	1	54	29	39.00
7	5	W201701132007	戴红	15	4	87	90	88.80
8	6	W201701132009	侯振宇	14	4	84	79	81.00
9	7	W201701132011	李柏源	13	4	81	60	68.40
10	8	W201701132013	李海能	16	5	100	89	93.40
11	9	W201701132014	李蓉平	15	1	57	22	36.00
12	10	W201701132015	李松云	16	3	80	78	78.80
13	11	W201701132016	李鑫磊	14	3	74	66	69.20
14	12	W201701132017	李兴泽	13	3	71	25	43.40
15	13	W201701132020	李志军	16	3	80	91	86.60
16	14	W201701132021	李忠能	13	5	91	43	62.20
17	15	W201701132022	刘冲	13	5	91	55	69.40
18	16	W201701132024	刘吉祥	16	2	70	86	79.60
19	17	W201701132026	刘云鹏	13	2	61	78	71.20
20	18	W201701132028	罗志刚	16	5	100	88	92.80
21	19	W201701132030	马红涛	16	1	60	80	72.00
22	20	W201701132031	莽红波	15	1	57	28	39.60
23	21	W201701132032	彭安市	12	1	48	18	30.00
24	22	W201701132033	彭建伟	16	5	100	48	68.80
25	23	W201701132034	彭子豪	12	1	48	25	34.20
26	24	W201701132035	普春波	16	4	90	90	90.00
27	25	W201701132036	邱华	16	5	100	88	92.80
28	26	W201701132037	邱继伟	16	5	100	98	98.80
29	27	W201701132038	沈渊	16	4	90	43	61.80
30	28	W201701132039	施齐达	8	1	35	缺考	缺考
31	29	W201701132047	杨青	8	1	35	缺考	缺考

19水利水电班《计算机应用基础》期末成绩表　Sheet2　Sheet3

图 3-2

（4）单击行号选取第30行和31行，在选取的行中，单击右键选择"删除"命令，如图3-3所示。

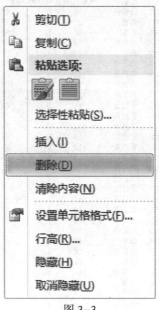

图 3-3

（5）将光标移到"姓名"这一列的任意单元格，按"Ctrl"+"H"快捷键弹出对话框，把"白春升"替换成"白春生"，如图3-4所示。

图 3-4

（6）在"期末成绩"列中拖动鼠标选取数据：单击"开始"→"样式"→"条件格式"→"突出显示单元格规则"→"小于"命令弹出"小于"对话框，在对话框中输入"60"，设置为"浅红填充色深红色文本"，如图3-5、图3-6所示。

（7）单击表格底部的"插入工作表"按钮，如图3-7所示，双击新插入的工作表并重命名为"不及格学生成绩表"。

（8）按住"Ctrl"键单击第1、2、4、6、11、14、22、23、25行选取数据，单击右键选择"复制"命令，单击"不及格学生成绩表"工作表，在A1单元格单击右键选择"粘贴"→"选择性粘贴"→"粘贴数值"→"123"，如图3-8所示。

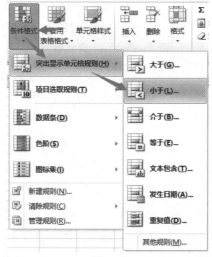

图 3-5

图 3-6

图 3-7

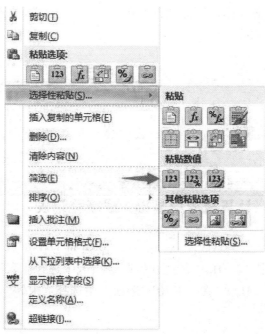

图 3-8

实训二　Excel 2010 的基本操作（二）

【实训目的】

- 会编辑表格。
- 会美化表格。

【实训内容】

美化、编辑表格

（1）设置标题。文字字体为：黑体，18 磅，加粗，合并后居中。

（2）设置各字段名为：宋体，12 磅，居中。其余单元格字体为：宋体，12 磅，居中。

（3）设置"序号"列的数据为"文本"格式，"考勤""作业""平时成绩""考试成绩"等列数据设置为"常规"格式。

（4）设置"期末成绩"列中的数据为"数值"，小数位为 2 位。

（5）设置"考试成绩"和"期末成绩"两列列宽为"10"。

（6）在 H28 单元格插入批注："分数最高"；在 H23 单元格插入批注："分数最低"。

（7）设置边框：外框为粗实线，深蓝色，文字 2，深色 50%；内框为细线，紫色，强调文字 4，淡色 40%。

（8）设置底纹：在字段名所在行设置底纹为深蓝，文字 2，深色 25%；字体颜色为白色。

【实训步骤】

（1）设置标题。单击鼠标选取标题行，在"开始"选项卡中选择：黑体、18 磅、加粗、合并后居中，如图 3-9 所示。

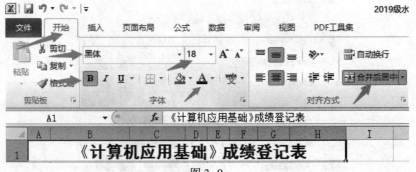

图 3-9

（2）用鼠标拖动选取 A2：H2，在"开始"选项卡中选择：宋体、12 磅、单元格内居中。用鼠标拖动选取 A3：H29，在"开始"选项卡中选择：宋体、12 磅、单元格内居中，如图 3-10 所示。

图 3-10

（3）用鼠标拖动 A3：A29 选取数据，单击右键选择"设置单元格格式"命令，在弹出的对话框中单击"数字"选项卡，选取"文本"，如图 3-11 所示。同理选取"考勤""作业""平时成绩""考试成绩"等列数据并设置为"常规"格式。

图 3-11

（4）选取 H3：H29 中的数据，单击右键选择"设置单元格格式"命令，在弹出的对话框中单击"数字"选项卡，选取"数值"，设置"小数位数"为 2 位，如图 3-12 所示。

（5）单击列号 G、H 列，然后单击右键，设置"列宽"为"10"，如图 3-13 所示。

（6）单击 H28 单元格，然后单击右键，选择"插入批注"命令，插入批注为"分数最高"，如图 3-14 所示。同理，单击 H23 单元格，插入批注为"分数最低"。

（7）选取 A2：H29，单击右键，选择"设置单元格格式"命令，在弹出的对话框中单击"边框"选项卡，选取粗实线，颜色为深蓝，文字 2，深色 50%，外边框，如图 3-15 所示。同理，选择内框线为细线，紫色，强调文字 4，淡色 40%，内部，如图 3-16 所示。

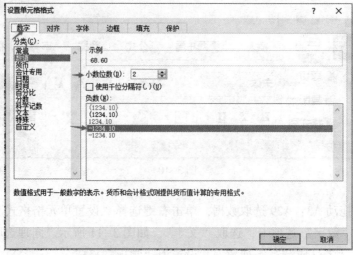

图 3-12

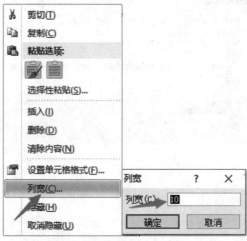

图 3-13

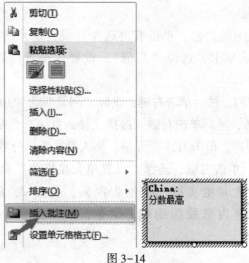

图 3-14

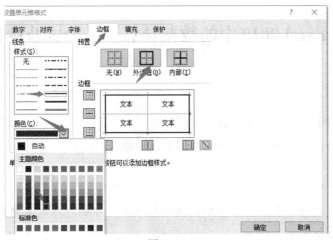

图 3-15

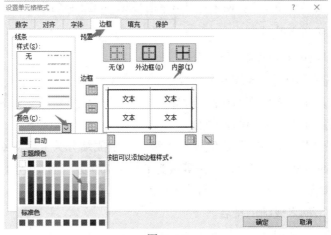

图 3-16

（8）选取 A2：H2，单击右键，选择"设置单元格格式"命令，在弹出的对话框中单击"填充"选项卡，设置为深蓝，文字 2，深色 25%；设置字体颜色为白色，如图 3-17 所示。

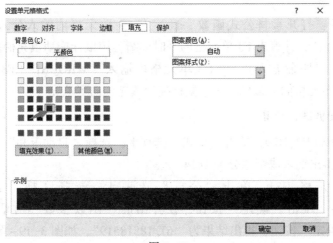

图 3-17

实训三　Excel 2010 中的数据计算——公式及函数的应用

【实训目的】

- 会用公式对 Excel 2010 中的数据进行计算。
- 会用常用函数对 Excel 2010 中的数据进行计算。

【实训内容】

1. 用公式计算"《计算机应用基础》成绩登记表"中的"平时成绩"和"期末成绩"，且"期末成绩"四舍五入

（1）平时成绩：平时成绩＝（考勤/16＊50）＋（作业/5＊50）。

（2）期末成绩（四舍五入）：期末成绩＝平时成绩＊40%＋考试成绩＊60%。

2. 用函数对数据进行计算

（1）用自动求和函数求期末成绩总分。

（2）用平均函数求出期末成绩的平均分。

（3）用函数计算出期末成绩的最高分。

（4）用函数计算出期末成绩的最低分。

（5）用嵌套函数求出学生期末成绩评定等级，学生成绩分为五个等级：90 分以上（含 90 分）等级为 A；80~89 分（含 80 分）等级为 B；70~79 分（含 70 分）等级为 C；60~69 分（含 60 分）等级为 D；60 分以下等级为 E。

（6）用函数求出期末成绩的排名。

（7）将考试成绩均增加 2%，重新计算期末成绩。

【实训步骤】

1. 用公式计算"《计算机应用基础》成绩登记表"中的"平时成绩"和"期末成绩"，且"期末成绩"取整

（1）平时成绩：打开素材公式函数 .xlsx，在 F3 单元格内输入公式："＝（D3/16＊50）＋（E3/5＊50）"，计算出 F3 单元格的平时成绩，用鼠标拖动填充柄向下填充。

（2）期末成绩（四舍五入）：在 H3 单元格内输入"＝ROUND（F3＊0.4＋G3＊0.6，0）"，计算出 F3 单元格的期末成绩，用鼠标拖动填充柄向下填充。

2. 用函数对数据进行计算

（1）用鼠标拖动 H3:H29，单击"公式"选项卡，选择"自动求和"→"求和"命令，如图 3-18 所示，得出期末成绩总分为 1814。

（2）单击单元格 H31，单击"公式"选项卡，选择"插入函数（fx）"→"AVERAGE"命令，单击"确定"按钮，在弹出的"函数参数"对话框中选取"H3:H29"，再单击"确定"按钮，得出结果为"67.18518519"，如图 3-19~图 3-21 所示。

图 3-18

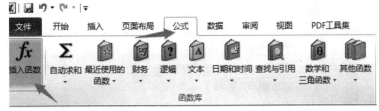

图 3-19

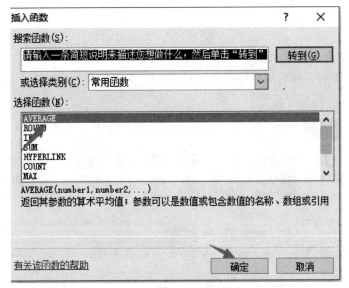

图 3-20

图 3-21

（3）用鼠标单击 H32 单元格，单击"公式"选项卡，选择"自动求和"→"最大值"命令，如图 3-22 所示。然后用鼠标拖动 H3：H29，得出结果为"99"。

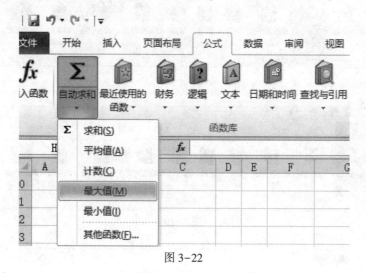

图 3-22

（4）用鼠标单击 H33 单元格，单击"公式"选项卡，选择"自动求和"→"最小值"命令，如图 3-23 所示。然后用鼠标拖动 H3：H29，得出结果为"30"。

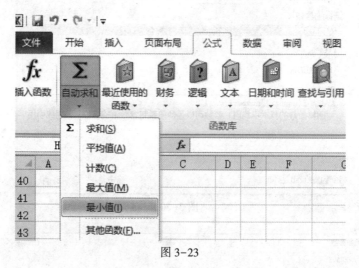

图 3-23

（5）用鼠标单击 I3 单元格，并输入"=IF(H3>=90,"A",IF(H3>=80,"B",IF(H3>=70,"C",IF(H3>=60,"D","E")))))"回车后，用鼠标拖动填充柄向下填充，如图 3-24 所示。

（6）用鼠标单击 J3 单元格，并输入"=RANK(H3,$H$3：$H$29)"回车后，用鼠标拖动填充柄向下填充，如图 3-25 所示。

（7）单击 K3 单元格，并输入"=G3+G3*0.02"回车后，用鼠标拖动填充柄向下填充。鼠标右击，选择"复制"命令，在 G3 单元格中右击，选择粘贴选项"123"贴换所有数据，选取 K 列，如图 3-26 所示。选取 K 列，按"Delete"键删除内容，期末成绩因公式原因自动重新计算。

图 3-24 工具栏截图，编辑栏显示：I3　=IF(H3>=90,"A",IF(H3>=80,"B",IF(H3>=70,"C",IF(H3>=60,"D","E"))))

《计算机应用基础》成绩登记表

序号	学号	姓名	考勤	作业	平时成绩	考试成绩	期末成绩	成绩评定等级	成绩排名
1	W201701132002	白春生	16	3	80.0	61	69	D	13
2	W201701132003	曹植	15	1	56.9	20	35	E	25
3	W201701132005	春生	15	5	96.9	38	62	D	18
4	W201701132006	寸代高	14	1	53.8	29	39	E	23
5	W201701132007	戴红	15	4	86.9	90	89	B	6
6	W201701132009	侯振宇	14	4	83.8	79	81	B	8
7	W201701132011	李柏源	13	4	80.6	60	68	D	17
8	W201701132013	李海能	16	5	100.0	89	93	A	2
9	W201701132014	李蓉平	15	1	56.9	22	36	E	24
10	W201701132015	李松云	16	3	80.0	78	79	C	10
11	W201701132016	李鑫磊	14	3	73.8	66	69	D	13
12	W201701132017	李兴泽	13	3	70.6	25	43	E	21
13	W201701132020	李志军	16	3	80.0	91	87	B	7
14	W201701132021	李忠能	13	5	90.6	43	62	D	18
15	W201701132022	刘冲	13	5	90.6	55	69	D	13

图 3-24

图 3-25 工具栏截图（公式选项卡），编辑栏显示：J3　=RANK(H3,$H$3:$H$29)

《计算机应用基础》成绩登记表

序号	学号	姓名	考勤	作业	平时成绩	考试成绩	期末成绩	成绩评定等级	成绩排名
1	W201701132002	白春生	16	3	80.0	61	69	C	13
2	W201701132003	曹植	15	1	56.9	20	35	D	25
3	W201701132005	春生	15	5	96.9	38	62	C	18
4	W201701132006	寸代高	14	1	53.8	29	39	D	23
5	W201701132007	戴红	15	4	86.9	90	89	A	6
6	W201701132009	侯振宇	14	4	83.8	79	81	A	8
7	W201701132011	李柏源	13	4	80.6	60	68	C	17
8	W201701132013	李海能	16	5	100.0	89	93	A	2
9	W201701132014	李蓉平	15	1	56.9	22	36	D	24
10	W201701132015	李松云	16	3	80.0	78	79	C	10
11	W201701132016	李鑫磊	14	3	73.8	66	69	C	13
12	W201701132017	李兴泽	13	3	70.6	25	43	D	21
13	W201701132020	李志军	16	3	80.0	91	87	A	7
14	W201701132021	李忠能	13	5	90.6	43	62	C	18
15	W201701132022	刘冲	13	5	90.6	55	69	C	13
16	W201701132024	刘吉祥	16	2	70.0	86	80	A	9
17	W201701132026	刘云鹏	13	2	60.6	78	71	B	12

图 3-25

图 3-26

实训四　统计与分析电子表格中的数据（一）

【实训目的】

- 会对数据进行排序操作。
- 会对数据进行筛选操作。
- 会对数据进行分类汇总操作。

【实训内容】

1. 数据的排序

（1）单条件排序（快速排序）：按"总分"对成绩表进行降序排序。

（2）多条件排序：按"总分"进行升序排序，《C 语言程序设计》的成绩进行降序排序。

2. 筛选

（1）单条件筛选。

筛选出班级为二班的所有数据。

（2）多条件筛选。

筛选出平均分在 70~80 之间的分数，总分>300 的数据。

（3）高级筛选。

筛选出班级为一班，且《计算机应用基础》的成绩>60，《C 语言程序设计》的成绩>80 的数据。

3. 数据的分类汇总

按"班级"字段分类统计，对各科成绩求最大值。

【实训步骤】

1. 数据的排序

（1）打开素材"统计与分析电子表格中的数据.xlsx"，在单条件排序工作表中，单击"总分"列中的任意单元格数据→ 完成快速排序，如图3-27所示。

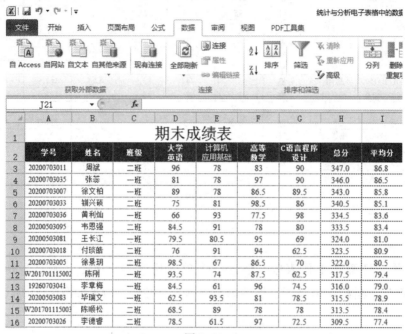

图 3-27

（2）在多条件工作表中的数据区域内任意选取单元格数据，单击"排序 "→"添加条件"命令，设置"主要关键字"为"总分"，"次序"为"升序"，"次要关键字"为"C语言程序设计"，"次序"为"降序"，如图3-28所示，然后单击"确定"按钮，效果如图3-29所示。

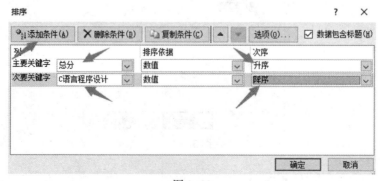

图 3-28

	A	B	C	D	E	F	G	H	I
1				期末成绩表					
2	学号	姓名	班级	大学英语	计算机应用基础	高等数学	C语言程序设计	总分	平均分
3	20200703009	周海波	二班	68.5	74.5	74.5	82.5	225.5	75.2
4	20200703003	段弘	一班	64	68	94.5	91.5	226.5	75.5
5	20200703032	呈李沙	一班	74	81.5	94	66	234.0	78.0
6	20200703012	沈淼荣	二班	65.5	93	88.5	70	251.5	83.8
7	20200703015	施杰	二班	65	64	64.5	64.5	258.0	64.5
8	20200703014	郑婷婷	一班	61.5	78	65	62	266.5	66.6
9	20200703021	董仕斌	二班	71	86	80	68	305.0	76.3
10	20200503097	杜迪	二班	91.5	67	80	68	306.5	76.6
11	20200703016	毕海蓬	一班	95	71.5	65	75	306.5	76.6
12	20200703026	李德睿	一班	78.5	61.5	97	72.5	309.5	77.4
13	W20170111500!	陈顺松	二班	68.5	89	78	78	313.5	78.4
14	20200503083	毕瑞文	一班	62.5	93.5	81	78.5	315.5	78.9
15	19260703041	李章梅	一班	84.5	61	96	74.5	316.0	79.0
16	W20170111500Z	陈刚	一班	93.5	74	87.5	62.5	317.5	79.4
17	20200703005	徐景玥	二班	98.5	67	86.5	70	322.0	80.5
18	20200703018	付琰皓	二班	76	91	94	62.5	323.5	80.9
19	20200503081	王长江	一班	79.5	80.5	95	69	324.0	81.0
20	20200503095	韦恩强	二班	84.5	91	78	80	333.5	83.4
21	20200703036	黄利灿	一班	66	93	77.5	98	334.5	83.6
22	20200703033	钏兴硕	二班	75	81	98.5	86	340.5	85.1
23	20200703007	徐文柏	一班	89	78	86.5	89.5	343.0	85.8

图 3-29

2. 筛选

（1）在单条件筛选工作表中，任选一个单元格数据，单击"筛选"→🔽→"班级"→"二班"，如图 3-30 所示，然后单击"确定"按钮，效果如图 3-31 所示。

图 3-30

期末成绩表						
学号	姓名	班级	大学英语	计算机应用基础	高等数学	C语言程序设计
20200503095	韦恩强	二班	84.5	91	78	80
20200503097	杜迪	二班	91.5	67	68	80
20200703005	徐景玥	二班	98.5	67	86.5	70
20200703009	周海波	二班	68.5	74.5	74.5	82.5
20200703011	周斌	二班	96	78	83	90
20200703012	沈鑫荣	二班	65.5	93	88.5	70
20200703015	施杰	二班	65	64	64.5	64.5
20200703018	付琰皓	二班	76	91	94	62.5
20200703021	董仕斌	二班	71	86	80	68
20200703026	李德睿	二班	78.5	61.5	97	72.5
20200703033	钏兴硕	二班	75	81	98.5	86
W201701115003	陈顺松	二班	68.5	89	78	78

图 3-31

（2）多条件筛选。

在多条件筛选工作表中，选取任意单元格数据，单击"筛选"→  →"平均分"→"数字筛选"→"介于"→"大于或等于 70"→"小于或等于 80"→"总分"→"数字筛选"→"大于"→"300"，如图 3-32、图 3-33 所示，效果如图 3-34 所示。

图 3-32

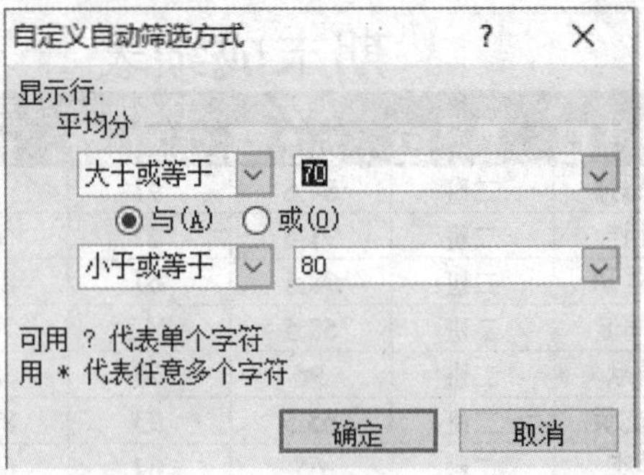

图 3-33

			期末成绩表					
学号	姓名	班级	大学英语	计算机应用基础	高等数学	C语言程序设计	总分	平均分
20200503083	毕瑞文	一班	62.5	93.5	81	78.5	315.5	78.9
20200503097	杜迪	二班	91.5	67	68	80	306.5	76.6
20200703016	毕海莲	一班	95	71.5	65	75	306.5	76.6
20200703021	董仕斌	二班	71	86	80	68	305.0	76.3
20200703026	李德睿	二班	78.5	61.5	97	72.5	309.5	77.4
W201701115002	陈刚	一班	93.5	74	87.5	62.5	317.5	79.4
W201701115003	陈顺松	二班	68.5	89	78	78	313.5	78.4
19260703041	李章梅	一班	84.5	61	96	74.5	316.0	79.0

图 3-34

（3）高级筛选。

在高级筛选工作表中，在第 27 行录入表格："班级"为一班，且《大学英语》的成绩>60，《计算机应用基础》的成绩>80，如图 3-35 所示。

班级	大学英语	计算机应用基础
一班	>60	>80

图 3-35

单击"数据"→"排序和筛选"→"高级"→ 高级 列表区域→ → "A2：G25"→"条件区域"→ → "B27：D28"，如图 3-36 所示，效果如图 3-37 所示。

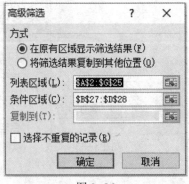

图 3-36

期末成绩表

学号	姓名	班级	大学英语	计算机应用基础	高等数学	C语言程序设计
20200503081	王长江	一班	80	81	95	69
20200503083	毕瑞文	一班	63	94	81	78.5
20200703036	黄利灿	一班	66	93	77.5	98
	班级	大学英语	计算机应用基础			
	一班	>60	>80			

图 3-37

3. 数据的分类汇总

（1）在"班级"列任意位置单击数据→"排序"→降序 ．

（2）单击"数据"→"分类汇总"→"分类字段"→"班级"→"汇总方式"→"最大值"→"选定汇总项"→勾选"大学英语""计算机应用基础""高等数学""C语言程序设计"→"确定"→单击"2"，如图 3-38 所示，效果如图 3-39 所示。

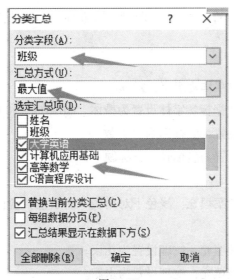

图 3-38

期末成绩表

	学号	姓名	班级	大学英语	计算机应用基础	高等数学	C语言程序设计
14			一班 最大值	95	93.5	97	98
27			二班 最大值	98.5	93	98.5	90
28			总计最大值	98.5	93.5	98.5	98
29							

图 3-39

实训五　统计与分析电子表格中的数据（二）

【实训目的】

- 会制作数据透视表。
- 会创建图表及美化图表。

【实训内容】

1. 创建数据透视表

创建数据透视表，按班级查看各科成绩的平均值。

2. 图表的应用

（1）创建图表。

在图表工作表中，选"平均分"列数据，绘制各学生平均成绩的三维簇状柱形图，姓名为水平（分类）轴标签（C），不显示图例，图表标题为"平均成绩图"，嵌入在 C9 至 J26 区域中。

（2）美化图表。

①添加图表标题并设置字体为隶书，22 磅。

②水平（分类）X 轴数据标签字体设置为楷体_ GB2312，10 磅；图例设置为无。

③主要横坐标轴标题设置为竖排标题"分数"。

④主要纵坐标轴标题设置为坐标轴下方标题"姓名"。

⑤显示数据标签。

⑥图表区设置画布的图案填充：浅色下对角线→前景色：蓝色，强调文字颜色 1→背景色：白色，背景 1。

⑦背面墙：图片或纹理填充，纹理设置为花束。

⑧侧面墙：图片或纹理填充，纹理设置为水滴。

⑨基底：渐变填充，预设颜色，宝石蓝。

【实训步骤】

1. 创建数据透视表

打开素材"统计与分析电子表格中的数据 .xlsx"，在数据透视表工作表中单击"插入"→"数据透视表"→选择要分析的数据：A2：G25→在数据透视表字段列表中勾选"姓名""班级""大学英语""计算机应用基础""高等数学""C 语言程序设计"，设置"行标签"为班级和姓名，勾选"大学英语""计算机应用基础""高等数学""C 语言程序设计"，设置"值字段设置"为平均值，如图 3-40、图 3-41 所示。

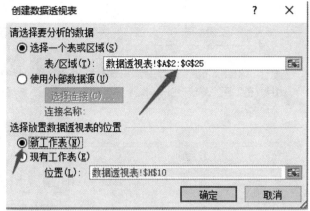

图 3-40

行标签	▼ 平均值项	平均值项	平均值项	平均值项：C
⊟ 二班	78.208	78.58	82.542	75.3333
陈顺松	68.5	89	78	78
钏兴硕	75	81	98.5	86
董仕斌	71	86	80	68
杜迪	91.5	67	68	80
付琰皓	76	91	94	62.5
李德睿	78.5	61.5	97	72.5
沈鑫荣	65.5	93	88.5	70
施杰	65	64	64.5	64.5
韦恩强	84.5	91	78	80
徐景玥	98.5	67	86.5	70
周斌	96	78	83	90
周海波	68.5	74.5	74.5	82.5
⊟ 一班	77.318	77.91	85.364	77.8636
毕海莲	95	71.5	65	75
毕瑞文	62.5	93.5	81	78.5
陈刚	93.5	74	87.5	62.5
呈李沙	74	81.5	94	66
段弘	64	68	94.5	91.5
黄利灿	66	93	77.5	98
李章梅	84.5	61	96	74.5
王长江	79.5	80.5	95	69
徐文柏	89	78	86.5	89.5
张蕊	81	78	97	90
郑婷婷	61.5	78	65	62
总计	77.783	78.26	83.891	76.5435

图 3-41

2. 图表的应用

（1）打开素材"统计与分析电子表格中的数据.xlsx"，在图表工作表中，按住"Ctrl"键选取"姓名"和"平均分"两列，单击"插入"→"图表"→"柱形图"→"三维柱形图"，如图 3-42 所示；单击"系列"平均分"点"王长江""→"图表工具"→"布局"→"设置所选内容格式"→"填充"→"纯色填充"→"红色"，或"橙色""浅绿色""绿色""蓝色""紫色"，如图 3-43、图 3-44 所示；在"图表工具"→"布局"→"图表标题"→"图表上方"中录入标题"平均成绩图"，如图 3-45 所示。

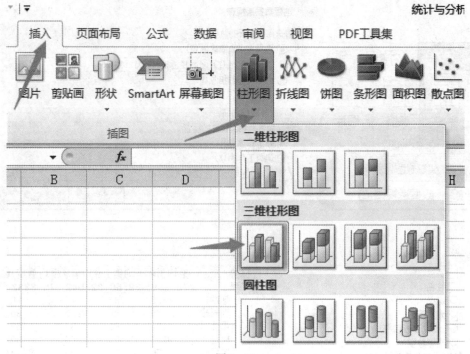

图 3-42

图 3-43

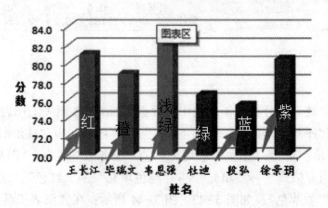

图 3-44

图 3-45

（2）美化图表。

①选取标题"平均成绩图"→"开始"→隶书、22 磅。

②单击图表空白处，选取分类 X 轴数据标签→"开始"→楷体_ GB2312，12 磅；选取图例→"图表工具"→"布局"→"图例"→无。

③单击图表空白处→"图表工具"→"布局"→"坐标轴标题"→"主要纵坐标轴标题"→竖排标题"分数"。

④单击图表空白处→"图表工具"→"布局"→"坐标轴标题"→"主要横坐标轴标题"→坐标轴下方标题"姓名"。

⑤单击图表空白处→"图表工具"→"布局"→"数据标签"→显示数。

⑥单击图表空白处→"图表工具"→"布局"→左上角下拉列表中的"图表区"→"设置所选内容格式"→"填充"→"图案填充"→"浅色下对角线"→前景色：蓝色，强调文字颜色 1→背景色：白色，背景 1。如图 3-46 所示。

⑦单击图表空白处→"图表工具"→"布局"→左上角下拉列表中的"背面墙"→"设置所选内容格式"→"填充"→"图片或纹理填充"→"纹理"→花束。如图 3-47 所示。

⑧单击图表空白处→"图表工具"→"布局"→左上角下拉列表中的"侧面墙"→"设置所选内容格式"→"填充"→"图片或纹理填充"→"纹理"→水滴。

⑨单击图表空白处→"图表工具"→"布局"→左上角下拉列表中的"基底"→"设置所选内容格式"→"填充"→"渐变填充"→"预设颜色"→宝石蓝；拖动到 C9 至 J26 区域中，如图 3-48 所示，最终样式如图 3-49 所示。

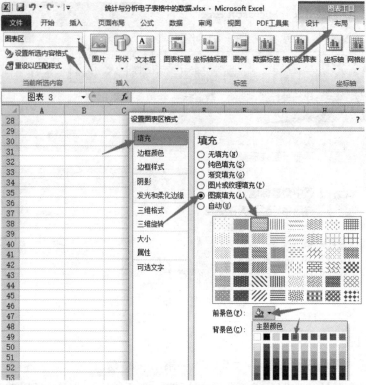

图 3-46

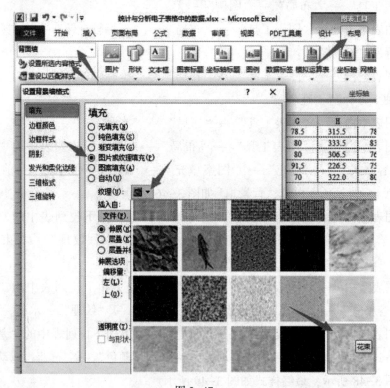

图 3-47

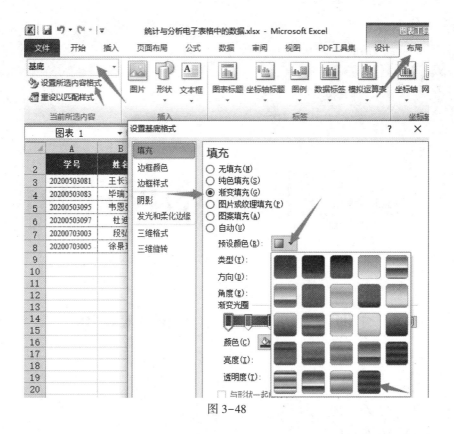

图 3-48

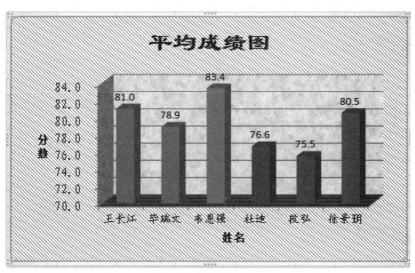

图 3-49

第4章

‹‹‹‹‹‹

演示文稿 PowerPoint 2010

实训一　PowerPoint 2010 基本操作

【实训目的】

- 会新建、保存演示文稿。
- 会录入文本数据信息。
- 会设置幻灯片背景。

【实训内容】

1. 新建演示文稿

在桌面上新建一个名为"迪士尼乐园"的演示文稿。

2. 编辑幻灯片

添加一张幻灯片，输入文本，包括标题和作者。

3. 设置幻灯片背景

将图片1设置为第一张幻灯片背景，透明度为20%。

【实训步骤】

1. 新建演示文稿

将光标定位到桌面任一空白处，右击，在弹出的快捷菜单中选择"新建"命令，打开"Microsoft PowerPoint 演示文稿"，重命名为"迪士尼乐园"，如图4-1所示。

2. 编辑幻灯片

（1）单击 PowerPoint 2010 幻灯片编辑区，如图4-2所示。添加第一张幻灯片，在标题占位符中输入"迪士尼乐园"，如图4-3所示。

（2）单击副标题占位符输入作者姓名，如图4-3所示。

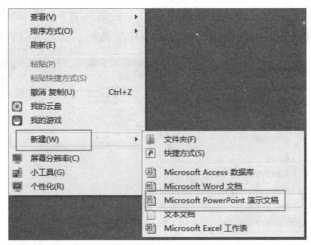

图4-1

图4-2

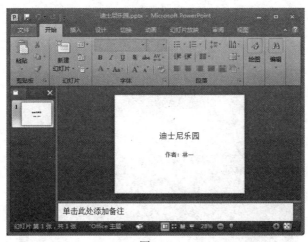

图4-3

3. 设置幻灯片背景

（1）右击幻灯片，在弹出的快捷菜单中选择"设置背景格式"命令，在弹出的对话框中选中"图片或纹理填充"单选按钮，单击"文件"按钮，如图 4-4 所示。

图 4-4

（2）在弹出的"插入图片"对话框中，找到背景图片，单击"插入"按钮，然后在"透明度"栏中输入"20%"，最后单击"关闭"按钮完成，如图 4-5 所示，效果如图 4-6 所示。

图 4-5

图 4-6

实训二 演示文稿编辑媒体对象 (一)

【实训目的】

- 会插入文本框。
- 会插入艺术字。
- 会插入 SmarArt 图形。
- 会插入图片。

【实训内容】

1. 插入文本框

在第一张幻灯片右下角插入横排文本框，并录入当天日期。

2. 插入艺术字

添加两张版式为"仅标题"的幻灯片，并在标题占位符中输入艺术字"目录"。

3. 插入 SmarArt 图形

插入 SmarArt 图形中的"循环"类型中的"基本射线图"，样式设置为"三维-优雅"，并输入文字。

4. 插入图片

在第二张幻灯片插入"图片1"，并调整图片的大小、位置及样式。

【实训步骤】

1. 插入文本框

单击"开始"选项卡的"文本"组中的"文本框"按钮 ，如图 4-7（a）所示，在幻灯片左上角拖动鼠标绘制一个横排文本框，然后输入如图 4-7（b）所示的当天日期。

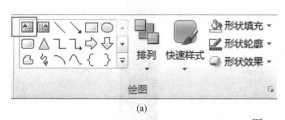

(a)

(b)

图 4-7

2. 插入艺术字

（1）单击"开始"选项卡的"幻灯片"组中的"新建幻灯片"按钮下方的三角按钮，在展开的幻灯片版式列表中选择"仅标题"版式，如图4-8所示，即可新建一张幻灯片。

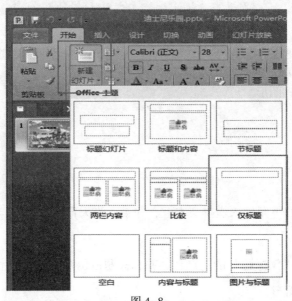

图4-8

（2）将鼠标定位到第二张幻灯片的标题占位符中，单击"插入"选项卡中的"艺术字"按钮，然后选择一个自己喜欢的样式，在标题占位符中输入艺术字"目录"，如图4-9所示。

图4-9

3. 插入 SmarArt 图形

（1）单击"插入"选项卡的"插图"组中的"SmarArt"按钮，选择"循环"类别下的"基本射线图"样式，如图 4-10 所示。

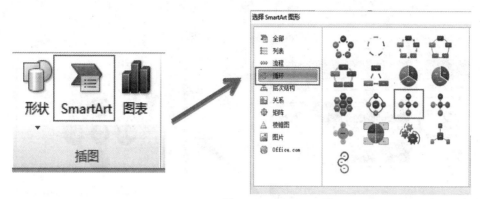

图 4-10

（2）选中 SmarArt 图形，单击"设计"选项卡的"SmarArt 样式"组中的"快速样式"按钮，选择"三维"类下的"优雅"样式，并输入图 4-11（a）所示的文字。

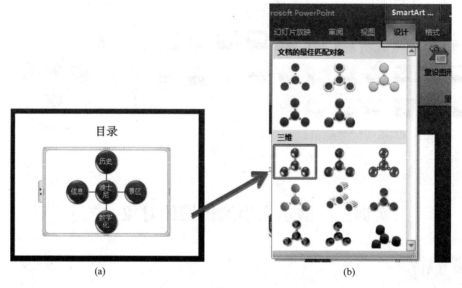

图 4-11

4. 插入图片

（1）单击"插入"选项卡的"插图"组中的"图片"按钮，如图 4-12（a）所示，在打开的"插入图片"对话框中选择桌面上"迪士尼乐园"文件夹里的"图片1"图片，单击"插入"按钮插入图片，如图 4-12（b）所示。

（2）拖动图片 4 个角上的控制点调整其大小，然后将图片移动到幻灯片左上角，如图 4-12（c）所示。

（3）保持图片选中状态，单击"格式"选项卡，在"图片样式"组中选择"矩形投影"图片样式，如图4-13（a）所示，最终效果如图4-13（b）所示。

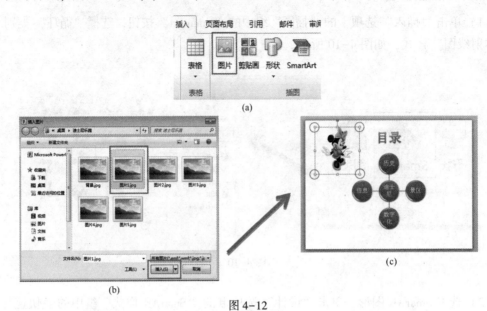

(a)

(b)

(c)

图4-12

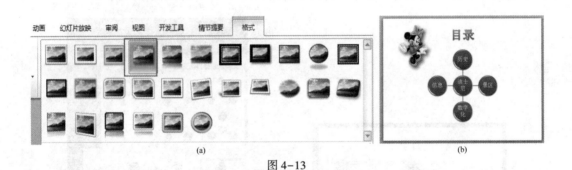

(a)

(b)

图4-13

实训三　演示文稿编辑媒体对象（二）

【实训目的】

- 会设置幻灯片主题。
- 会插入表格。
- 会插入声音和视频。

【实训内容】

1. 设置幻灯片主题

打开《传染病预防安全知识》演示文稿，并设置演示文稿的主题为"奥斯汀"。

2. 插入表格

在第二张幻灯片插入 3 行 2 列的表格，并输入文字。

3. 插入声音和视频

插入桌面上"预防病毒"文件夹中的"背景音乐"及视频并设置播放方式。

【实训步骤】

1. 设置幻灯片主题

打开桌面上"传染病预防安全知识"文件夹中的《传染病预防安全知识》演示文稿，单击"设计"选项卡的"主题"组中的"奥斯汀"主题，如图 4-14 所示。

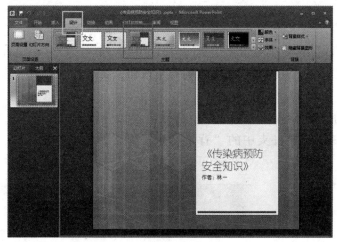

图 4-14

2. 插入表格

选中第一张幻灯片，按"Enter"键或者"Ctrl"＋"M"快捷键添加一张幻灯片。然后单击"插入"选项卡的"表格"组中的"插入表格"命令，在弹出的对话框中输入 3 行、2 列，如图 4-15 所示，效果图如图 4-16 所示。

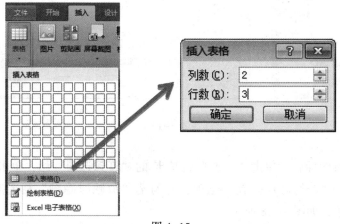

图 4-15

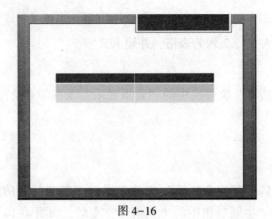

图 4-16

3. 插入声音和视频

（1）在"幻灯片"窗格中单击第一张幻灯片，切换到该幻灯片，然后单击"插入"选项卡的"媒体"组中的"音频"按钮下方的三角按钮，在展开的列表中选择"文件中的音频"选项，如图 4-17（a）所示。

（2）在打开的"插入音频"对话框中选择声音文件所在的文件夹，然后选择桌面上"传染病预防安全知识"文件夹中的"背景音乐"文件，单击"插入"按钮，如图 4-17（b）所示。

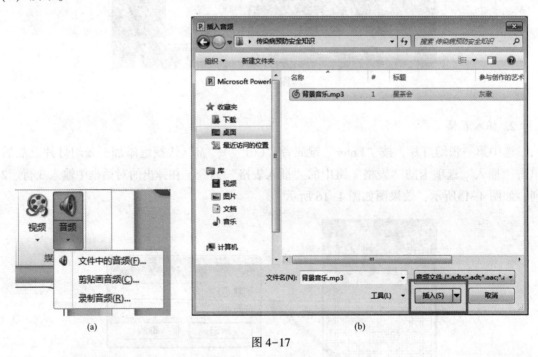

图 4-17

（3）选择声音图标后，单击"播放"选项卡的"音频选项"组，单击"开始"方式中的三角按钮，选择"跨幻灯片播放"选项，并勾选"放映时隐藏"复选框和"循环播放，直到停止"复选框，如图 4-18 所示。

图 4-18

实训四 设置幻灯片切换与动画效果

【实训目的】

- 会添加切换效果。
- 会添加动画效果。

【实训内容】

（1）添加切换方式。
（2）设置切换时间。
（3）添加动画效果。

【实训步骤】

1. 添加切换效果

在 PowerPoint 2010 中，幻灯片的切换效果系统默认是"无"，如果我们为幻灯片添加切换效果，那么幻灯片在播放时会给观众带来独特的视觉效果。

（1）在 PowerPoint 2010 中，打开素材文件"七彩云南 .pptx"，如图 4-19 所示。

图 4-19

（2）选中第一张幻灯片，单击"切换"选项卡，在"切换到此幻灯片"组中单击"其他"按钮，选择"华丽型"中的"百叶窗"选项，如图4-20所示。

图4-20

（3）在"效果选项"列表框中选择"水平"选项，如图4-21所示。

图4-21

（4）在"计时"组中，将"设置自动换片时间"设为"00:05:00"，如图4-22所示。

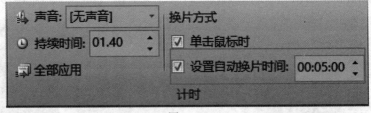

图4-22

（5）重复以上操作，为第二张幻灯片添加相同的切换方式和自动换片时间。

（6）单击"预览"按钮，如图4-23所示，预览切换效果。

2. 添加动画效果

在PowerPoint 2010中，幻灯片的动画效果有多种样式供我们选择，可以为幻灯片中的文本、图片和图表等设置动态的播放样式。

图 4-23

（1）在 PowerPoint 2010 中，打开素材文件"七彩云南 .pptx"。

（2）选中第一张幻灯片中的标题文字"七彩云南"，如图 4-24 所示。

图 4-24

（3）切换至"动画"选项卡，在"动画"组中，单击"其他"下拉按钮，在"进入"选项区中，选择"形状"动画效果，如图 4-25 所示。

图 4-25

（4）在"效果选项"列表框中，将"形状"设置为"菱形"，如图4-26所示。

图4-26

（5）单击"预览"按钮，如图4-27所示，预览切换效果。

图4-27

实训五　演示文稿的放映与打包

【实训目的】

- 会插入演示文稿。
- 会设置演示文稿的放映方式。
- 会打包演示文稿。

【实训内容】

（1）演示文稿的插入。

（2）演示文稿的放映方式。

（3）演示文稿打包。

【**实训步骤**】

在我们日常生活和工作中，为了给客户和观众带来更直观和精彩的展示，我们将以不同的方式对演示文稿进行放映，下面以素材文件"七彩云南.pptx"为例，介绍演示文稿的插入、放映和打包。

1. 插入演示文稿

（1）在 PowerPoint 2010 中，打开素材文件"七彩云南.pptx"。

（2）打开第二张幻灯片选择"地理环境"文本，单击"插入"选项卡的"链接"组中的"超链接"按钮，打开"插入超链接"对话框，选择左侧窗口的"本文档中的位置"选项，在右侧窗口中选择幻灯片3，然后单击"确定"按钮，如图4-28所示。

图 4-28

（3）同样的操作，将第2张幻灯片至第4张幻灯片也插入对应的超链接中。

2. 设置演示文稿的放映方式

（1）单击"幻灯片放映"选项卡的"设置"工具组中的"设置幻灯片放映"按钮，在弹出的对话框中设置放映方式，如图4-29所示。

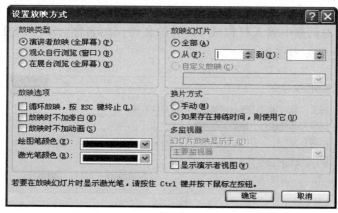

图 4-29

（2）单击"幻灯片放映"选项卡的"开始放映幻灯片"组，根据实际的需求，可选择"从头开始"和"从当前幻灯片开始"进行播放，如图4-30所示。其中，"从当前幻灯片开始"播放可按快捷键"F5"。

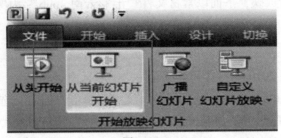

图 4-30

3. 打包演示文稿

（1）单击"文件"按钮，在左侧的命令列表中选择"保存于发送"命令，在弹出的下一级菜单中选择"将演示文稿打包成CD"命令，接着单击"打包成CD"按钮，弹出如图4-31所示对话框。

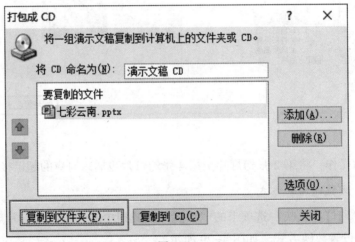

图 4-31

（2）在弹出的对话框中输入打包成CD后的文件夹的名称，单击"复制到文件夹"按钮，弹出如图4-32所示对话框。

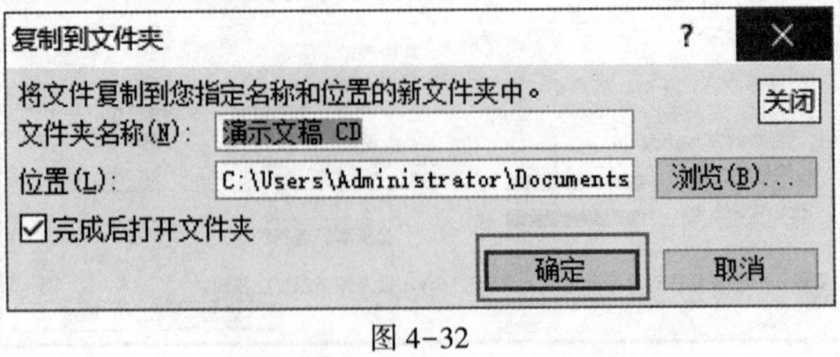

图 4-32

（3）在弹出的"复制到文件夹"对话框中设置幻灯片文件夹的保存位置，然后单击"确定"按钮，弹出如图 4-33 所示界面。

图 4-33

第5章

网络基础知识

实训一　IP 地址的设置

【实训目的】

● 会设置 IP 地址。

【实训内容】

按以下要求设置计算机的 IP 地址：

IP 地址：192.168.0.8；

子网掩码：255.255.255.0；

网关地址：192.168.0.1；

DNS 服务器：202.202.200.200。

【实训步骤】

（1）右击桌面上的"网络"图标，在弹出的快捷菜单中选择"属性"命令，打开如图 5-1 所示窗口。

（2）单击"访问类型"下面的"无线网络连接"图标，弹出"无线网络连接 状态"对话框，如图 5-2 所示。

（3）单击"属性"按钮，弹出"无线网络连接 属性"对话框，如图 5-3 所示。

（4）在"此连接使用下列项目"列表框中双击" Internet 协议版本 4（TCP/IPv4）"选项（或者单击"Internet 协议版本 4（TCP/IPv4）"选项，再单击"属性"按钮），弹出" Internet 协议版本 4（TCP/IPv4）属性"对话框，如图 5-4 所示。

（5）选中"使用下面的 IP 地址"和"使用下面的 DNS 服务器地址"单选按钮，在相应的文本框中输入数值，这里输入的 IP 地址为 192.168.0.8，子网掩码为 255.255.255.0，默认网关为 192.168.0.1，首选 DNS 服务器为 202.202.200.200，然后单击"确定"按钮，完成设置。

图 5-1

图 5-2

图 5-3

图 5-4

实训二 IE 浏览器的使用

【实训目的】

- 会浏览网页。
- 会查看历史记录。
- 会收藏站点。
- 会为网页设置首页。

【实训内容】

（1）浏览新浪网。

（2）查看历史记录。

（3）收藏新浪站点。

（4）将新浪站点设为首页。

【实训步骤】

1. 浏览新浪网

（1）双击桌面上的 IE 图标，打开浏览器。

（2）在 IE 浏览器的地址栏中输入新浪的网址"www.sina.com.cn"，按"Enter"键，新浪的首页就在 IE 浏览器中显示出来，如图 5-5 所示。

图 5-5

（3）将鼠标指针移动到"新闻"栏目上，当鼠标指针变为手形时单击，即可打开新浪网的新闻中心首页。

（4）单击新闻中心首页中的标题链接，即可打开内容页面，浏览后关闭该内容页面即可。

（5）单击地址栏左侧的"后退"按钮，可返回浏览过的上一个页面，即新浪网主页面。

（6）单击地址栏左侧的"前进"按钮，可进入浏览过的下一个页面，即新闻中心首页。

2. 查看历史记录

单击地址栏右侧的"查看收藏夹、源和历史记录"按钮，打开如图 5-6 所示的窗口，窗口中有 3 个选项卡：收藏夹、源、历史记录。

3. 收藏站点

单击"添加到收藏夹"按钮，弹出"添加收藏"对话框，如图 5-7 所示，单击"添加"按钮即可收藏当前打开的网页。

图 5-6

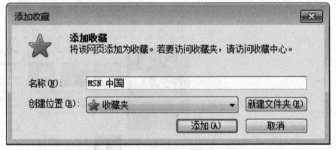

图 5-7

4. 将新浪站点设为首页

单击地址栏右侧的"工具"按钮，在下拉列表中选择"Internet 选项"命令，弹出"Internet 选项"对话框，如图 5-8 所示。在"常规"选项卡的地址文本框中输入"www. sina. com. cn"，单击"确定"按钮，即可将新浪网设为首页。

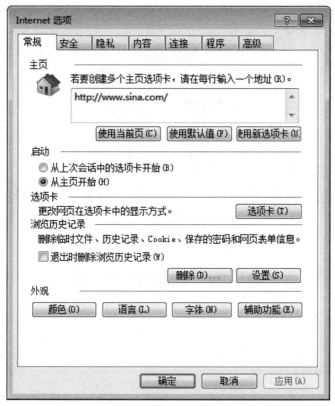

图 5-8

实训三　信息查询

【实训目的】

● 会查询信息。

【实训内容】

使用百度搜索"显示器"的相关信息。

【实训步骤】

（1）双击桌面上的 IE 图标，打开 IE 浏览器。

（2）在 IE 浏览器的地址栏中输入百度的网址"www.baidu.com"，按"Enter"键，打开百度站点首页，如图 5-9 所示。

（3）在搜索文本框中输入关键字"显示器"，按"Enter"键或单击"百度一下"按钮，页面将显示与"显示器"相关的网页链接。

（4）单击这些链接即可打开相应的网页，查看相关信息。

图 5-9

实训四 注册电子邮箱

【实训目的】

● 会注册电子邮箱。

【实训内容】

注册网易 126 免费电子邮箱。

【实训步骤】

（1）双击桌面上的 IE 图标，打开 IE 浏览器。

（2）在 IE 浏览器的地址栏中输入网易 126 免费邮箱的网址"www.126.com"，按
"Enter"键，打开网易 126 免费邮箱首页，如图 5-10 所示。

图 5-10

（3）单击"注册"按钮，打开"用户注册"页面，如图 5-11 所示。

图 5-11

（4）填写用户信息，单击"立即注册"按钮，填写无误后打开"申请成功"页面。

（5）在"用户登录"页面中输入用户名和密码，单击"登录"按钮即可登录邮箱。

实训五　收发电子邮件

【实训目的】

● 会收发电子邮件。

【实训内容】

利用实训四中注册的网易 126 电子邮箱账号收发电子邮件。

【实训步骤】

（1）双击桌面上的 IE 图标，打开 IE 浏览器。

（2）在 IE 浏览器的地址栏中输入网易 126 免费邮箱的网址"www.126.com"，按"Enter"键，打开网易 126 免费邮箱首页。

（3）输入用户名和密码，单击"登录"按钮，打开网易电子邮箱页面，如图 5-12 所示。

（4）单击"写信"按钮，在右边的区域中显示"写信"页面。

（5）在"写信"页面中输入收件人的邮箱、邮件主题、内容，然后单击"发送"按钮即可将邮件发出，如图 5-13 所示。

（6）单击"收信"按钮，将在右边区域中显示邮件列表界面，如图 5-14 所示。

（7）单击相应的邮件列表项即可打开相应的邮件的正文进行阅读。

图 5-12

图 5-13

图 5-14

实训六 下载网页、图片及软件

【实训目的】

● 会下载网页、图片及软件。

【实训内容】

（1）下载新浪网的主页。
（2）下载新浪网主页中的图片。
（3）下载 306 杀毒软件。

【实训步骤】

1. 下载新浪网的主页

（1）双击桌面上的 IE 图标，打开 IE 浏览器。

（2）在 IE 浏览器的地址栏中输入新浪网的网址"www. sina. com. cn"，按"Enter"键，新浪的首页将在 IE 浏览器中显现出来。

（3）单击地址栏右侧的"工具"按钮，在下拉列表中选择"文件"→"另存为"命令，弹出"另存为"对话框，选择网页到保存位置，输入文件名，单击"保存"按钮即可保存该网页，如图 5-15 所示。

图 5-15

2. 下载新浪网主页中的图片

将鼠标指针悬停在新浪首页中任一图片上并右击，在弹出的快捷菜单中选择"另存为"命令，弹出"另存为"对话框，选择图片保存位置，输入文件名，单击"保存"按钮即可保存该图片，如图 5-16 所示。

图 5-16

3. 下载 306 杀毒软件

（1）在 IE 浏览器的地址栏中输入百度的网址"www.baidu.com"，按"Enter"键，百度的首页将在 IE 浏览器中显现出来，然后在搜索框里输入"360 杀毒软件"。

（2）在搜索结果里选择带有"官网"字样的搜索结果中下载，如图 5-17 所示。

图 5-17

（3）进入"360 杀毒"官方网站，单击"下载"按钮进行下载，浏览器下方会出现提示，如图 5-18 所示。

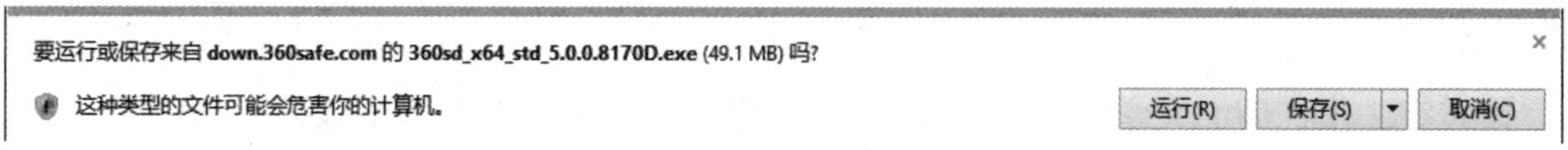

要运行或保存来自 **down.360safe.com** 的 **360sd_x64_std_5.0.0.8170D.exe** (49.1 MB) 吗?　　　　　　　　　　　　　　　　　　　　　×

这种类型的文件可能会危害你的计算机。　　　　　　　　　　　运行(R)　　保存(S)　▼　　取消(C)

图 5-18

（4）单击"保存"按钮旁边的下三角按钮，即可保存、另存为或保存并运行该软件。

参 考 文 献

[1] 顾震宇，张红菊. 大学计算机基础 [M]. 北京：北京理工大学出版社，2017.

[2] 刘锡轩，丁恒，侯晓音. 计算机应用基础 [M]. 北京：清华大学出版社，2013.

[3] 赵岳送. 大学计算机基础实训指导书 [M]. 武汉：中国地质大学出版社，2010.

[4] 张宝峰，张淑坤. 计算机文化基础上机实训——Windows 7+Office 2010+Internet [M].
西安：西安电子科技大学出版社，2016.

[5] 甘勇. 大学计算机基础 [M]. 北京：高等教育出版社，2018.